JN256166

インターネット，7つの疑問

数理から理解するその仕組み

大﨑博之［著］

コーディネーター　尾家祐二

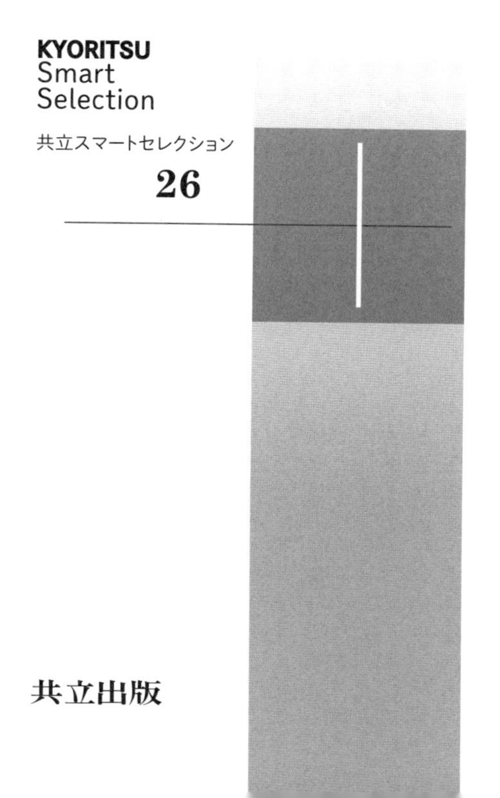

共立出版

共立スマートセレクション（情報系分野）
企画委員会

西尾章治郎（委員長）
喜連川　優（委　員）
原　　隆浩（委　員）

本書は，本企画委員会によって企画立案されました．

まえがき

◆ 本書の概要

本書では,「工学的な観点」からインターネットに関する7つの疑問に答えます.

今日,インターネットは私たちの日常生活にとって欠かせない存在となっています.電子メールや検索エンジン,ブログやSNS(ソーシャル・ネットワーキング・サービス),ビデオ配信サービスなど,これらはすべてインターネットの登場によって可能になりました.

現在,高校生や大学生であれば,生まれた時からインターネットが身近にあったことでしょう.そのため,インターネットは電気やガス,水道と同じように,身近にあるのが当たり前に感じられると思います.また,電話やテレビ,ラジオと同じように,遠い昔から存在しているようにも思えるでしょう.しかし,実はインターネットは誕生してから,まだ50年ほどしか経っていません[1].そもそもコンピュータが生まれて70年ほどしか経っていないのですから[2].

インターネットはコンピュータ同士をつないだ巨大なコンピュータネットワークとして,コンピュータが生まれた約20年後に誕生しました.それ以降,50年間にわたってインターネットの研究開発が続けられてきて,現在でも,未来のインターネットを作るための研究が活発に行われています.

筆者も情報通信分野における研究者の一人として，大学生の頃に初めてインターネットを知ってから，その後約20年間にわたってインターネットの研究に取り組んできました．その過程で，いろいろな論文や書籍を読んだり，同じ分野の研究者と議論したりしてきました．

インターネットに関する書籍は，すでにたくさん刊行されています．街中の書店でも，インターネット上のオンライン書店でも，インターネットに関する書籍はたくさん売られています．正直，どれを選べばよいのか迷うくらいです．技術的な観点からインターネットを解説した本，社会学的な観点からインターネットを解説した本，利用者の観点からインターネットを解説した本，プログラマの観点からインターネットを解説した本，システム管理者の観点からインターネットを解説した本……，ありとあらゆる本が揃っているように思えます．

しかし，筆者がインターネットの研究に取り組んできた過程で，一研究者の視点から「面白いな」と感じたような話題については，一般の読者を対象にした本にはほとんど書かれていませんでした．インターネットに関する書籍は多数ありますから，どこかにそのような本は存在するのかもしれませんが，少なくとも筆者は目にすることがありませんでした．

そのため，筆者がインターネットの研究に取り組んできた中で「面白いな」と感じたことを皆さんに紹介したい，という動機から本書を執筆しました．本書では，次のようなインターネットに関する7つの疑問に「工学的な観点」から答えます．

- 疑問 1　インターネットはどこが優れているのか？
- 疑問 2　インターネットに弱点はないのか？
- 疑問 3　インターネットはなぜ高速なのか？
- 疑問 4　インターネットをさらに高速化する方法は？
- 疑問 5　インターネットは混雑するとなぜ遅くなるのか？
- 疑問 6　インターネットで海外と通信するとなぜ遅くなるのか？
- 疑問 7　インターネットは世界を小さくしたのか？

例えば，最初の疑問「インターネットはどこが優れているのか？」に対する答えを知りたいとします．みなさんならどうやって答えを見つけるでしょうか？　最も素朴なのは，検索エンジンで「インターネット 利点」などをキーワードにして検索するという方法でしょう．実際に検索してみると，例えば，「【資料編】インターネットが優れている点とは？」という Web ページ [3] が見つかります．以下に一部を抜粋します．

> 2) インターネットがほかのメディアと比べて優れている点
>
> (1) 24 時間いつでも最新の情報を得やすい
> (2) 欲しい情報を検索することができる
> (3) リンク先に飛ぶことで，情報が芋づる式につながる

他にも，例えば「500 枚！！　インターネットの利点と問題点について（Yahoo!知恵袋）」という Web ページ [4] が見つかります．以下に一部を抜粋します．

> 利点
>
> - たくさんの知識をすぐに得られる
> - 手間があまりかからない

- 世界中の人とつながれる
- 情報を世界に発信できる
- 知らない人と仲良くなれる
- 自分の知らない世界を知ることができる

問題点

- 詐欺などのネット犯罪が多い
- 情報が間違っている場合がある
- 匿名でコメントできるため，人の気持ちを考えなくなる
- 視力が低下する
- 1歩間違うと，自分が犯罪者になってしまう可能性が高い
- 出会い系サイトなど有害サイトが多く，犯罪に巻き込まれる
- 勉強の時間をパソコンにあててしまう

これはこれで間違ってはいません．一つの答えではあります．ただし，「インターネットはどこが優れているのか？」という問いは，そもそも「答えが一つに定まらない」疑問です．技術的な観点から「どこが優れているのか？」，社会学的な観点から「どこが優れているのか？」，利用者の観点から「どこが優れているのか？」，プログラマの観点から「どこが優れているのか？」，システム管理者の観点から「どこが優れているのか？」……，このように，どういう観点からの疑問なのかによって，まったく答えが変わってきます．

検索エンジンで調べると，利用者の観点や，社会学的な観点など，非常に一般的な（つまり，万人向けの）回答は得られます．しかし同じ疑問でも，インターネットそのものを研究してきた一研究者の視点から見ると，まったく違った答えになります．本書では，そのような「あるインターネット研究者の視点」で上記の疑問に答

えることを試みます．

◆ 本書の対象読者と前提知識

本書は，インターネットを利用したことのある，高校生・大学生や社会人に読んでもらうことを想定して書きました．できるだけ事前の知識がなくても理解できるように説明しましたが，高校で学ぶ数学は知っていることを前提にしています．

インターネットは，コンピュータ同士をつないだ巨大なコンピュータネットワークであり，このコンピュータに関する学問分野は「情報科学」と呼ばれています．情報科学は主に数学を基礎としており，コンピュータそのものは，数学から生まれたといってよいと思います．インターネットに関する学問分野は，「情報科学」や「通信工学」と呼ばれますが，通信工学においても数学は重要な役割を果たしています．そのため，インターネットの原理や仕組みを説明するためには，どうしても数学が必要となりますが，それほど難しい数学は必要としませんので，数学嫌いの人もぜひ本書を読んでみてください．

本書では，上記の「インターネットに関する７つの疑問」について，通信方式や待ち行列理論，トラヒック理論，複雑ネットワーク理論などを用いて答えます．これらに関する事前の知識は必要としません．高校で学ぶ数学くらいの知識で理解できるように説明します．むしろ，基礎的な数学を学んだ読者の方が，本書を通じて，待ち行列理論やトラヒック理論，複雑ネットワーク理論などに興味を持ってもらうきっかけとなることを願っています．

中学・高校で数学を学んだ方の多くは，「こんなことを学んで，何の役に立つのだろう？」と疑問を持ったかもしれません．筆者も，中学・高校時代は数学そのものに興味は持ちましたが，実際に数学がどう役立つのかはわかっていませんでした．本書を読み終える頃には，「高校で学ぶレベルの数学でも，十分いろいろ役に立つのだな」ということを実感してもらえると思います．

◆ 本書の読み方

本書は，各章で７つの疑問それぞれを取り上げます．どの章から読んでもらっても構いませんが，できれば最初から順番に読むことをおすすめします．途中でいくつか数式も登場しますが，よくわからない箇所があれば，あまり深く考えずにまずは通して読んでみてください．一年後でも，二年後でも，しばらく時間がたってから再度読み返してもらえば，よくわからなかった箇所も少しずつわかるようになっていると思います．

目　次

Box

序　章

インターネットとは何か？

みなさんは普段からインターネットを利用していると思います．しかし，「インターネットとは何か？」と聞かれたら，正しく答えられるでしょうか？　例えば，学生の方ならご両親に，年配の方ならお子さんやお孫さんに，インターネットとは何かをわかりやすく説明できるでしょうか？

筆者は大学でコンピュータネットワークを教えています．最初の授業で，受講者に「インターネットとは何か？」と質問します．すると，いろいろな答えが返ってきます．

- ホームページが見られる便利なもの
- スマートフォンでメールを送ったり，ビデオを観たりできるもの
- 世界中のサーバたち
- 無線 LAN（ローカル・エリア・ネットワーク）のこと

さて，インターネットとは何なのでしょう？　インターネットに関する疑問に進む前に，まずインターネットとは何かを整理します．

「インターネット」という言葉は外来語であり，英語の Internet をカタカナ読みしたものです．英語の Internet は，「～の間」を意味する接頭語の inter-と，「ネットワーク（網）」を意味する network の省略形 net で構成されています．接頭語 inter-は，

- international
  - 国 (nation) の間の → 国際的な
- intercontinental
  - 大陸 (continent) の間の → 大陸間の
- interface
  - 境界 (face) の間の → （人と機械の）インターフェース

などの単語でも使われています．inter-net という単語は，「ネットワーク（網）の間の→ネットワーク同士をつないだもの」を意味しています．

ここで，インターネットは，inter-computer（コンピュータ同士をつないだもの）ではなく，inter-net（ネットワーク同士をつないだもの）というのがポイントです．インターネットとは，その名前 (Internet) が表すように，「コンピュータのネットワーク」ではなく，次ページの図のように「(コンピュータの）**ネットワークのネットワーク**」を意味します．

コンピュータ同士をつないだものは，そのものずばり「コンピュータネットワーク (computer network)」と呼ばれます [5]．コンピュータネットワークのうち，地理的にまとまった場所に（局所的に）存在するコンピュータネットワークを，特に **LAN**（Local Area Network: **ローカル・エリア・ネットワーク**）と呼びます．みなさんが普段目にする，「LAN ケーブル」や「無線 LAN」の「LAN」は，「地理的にまとまった場所に（局所的に）存在するコ

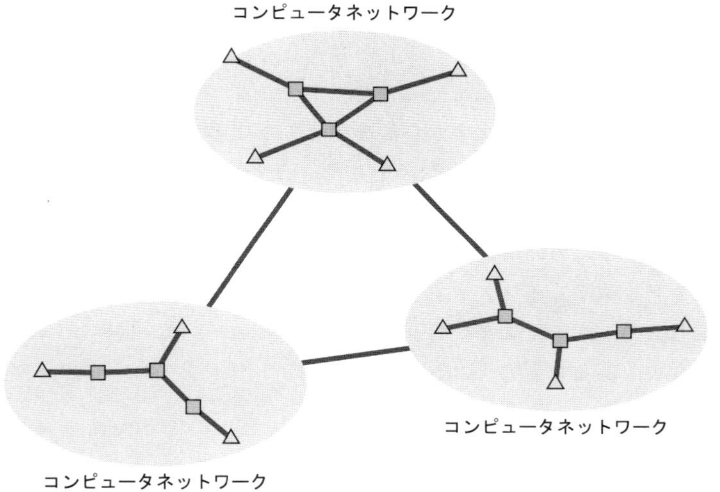

コンピュータネットワーク

コンピュータネットワーク

コンピュータネットワーク

図　インターネットの構成――「コンピュータのネットワーク」ではなく，「(コンピュータの) ネットワークのネットワーク」である.

ンピュータネットワーク」を意味しています．LAN と対比する形で，地理的に広い範囲に存在するコンピュータネットワークを **WAN**（Wide Area Network：**ワイド・エリア・ネットワーク**）と呼びます.

そして，LAN や WAN のようなコンピュータネットワークが複数あって，それらを相互に接続してできた巨大なネットワーク（コンピュータネットワークのネットワーク）がインターネットです.

ちなみに，インターネットのことを，英語では the Internet と表記します（正確には，英語の the Internet のことを，日本語でインターネットと表記しています)．the Internet には，定冠詞の the がついています．定冠詞とは，名詞が差すものを特定・限定する冠詞でした．定冠詞をつけて the dog（いわゆる，あなたも知っているあの犬）と表記するのは，どの犬かはっきりしている時だけでした．Internet は，世界に一つしか存在しないので the Internet（いわゆる，あなたも知っているあのインターネット）と表記します．また，Internet が大文字から始まっていることからわかるように，これは普通名詞（同じ種類のものを，ひとまとまりとして表す名詞）ではなく固有名詞（ある特定のものを，同じ種類のほかのものと区別するために用いられる名詞）です．

カタカナで「インターネット」と表記されてもピンと来ないかもしれませんが，インターネット (the Internet) とは，世界に一つしかない，ある特定の「コンピュータネットワークのネットワーク」を意味します．

1

疑問1

インターネットはどこが優れているのか？

まえがきでも述べたように，この疑問は「答えが一つに定まらない」問いです．どういう視点でインターネットを見るのか，どういう立場でこの疑問に答えるのか，などによっていろいろな答えが考えられます．

インターネットが言論の自由に与えた影響に興味がある人なら，「インターネットの登場によって，一人ひとりの個人が，世界に向けて情報を発信できるようになったこと」などと答えるでしょう．インターネットは，新聞・雑誌・ラジオなどと並ぶメディアの一種ととらえることができます．その場合，「メディアとしてのインターネット」が優れている点がどこか，という話になります．

また，インターネットが経済に与えた影響に興味がある人なら，「例えば，日本のインターネット GDP（Gross Domestic Product: 国内総生産）は，2014 年の時点で約 23 兆円（日本の GDP の約 4.3%）もあり [6]，膨大な雇用や産業を生み出していること」と答えるかもしれません．インターネットの産業規模は，すでに運輸業や，建設業，金融・保険業などに匹敵するくらいになっています．そのため，インターネットが，日本の経済や，世界の経済にどのような良い影響を与えたか，という話になるでしょう．

Xの専門家に聞けば，Xという観点からどこが優れているのか答えるでしょう．Yの専門家に聞けば，Yという観点からどこが優れているのか答えるでしょう．本書では，あるインターネット研究者の視点から答えます．

以下では，「インターネットはどこが優れているのか？」という疑問を，インターネットの通信方式の観点から考えてみます．

1.1 コンピュータネットワークの基礎

序章では，インターネットとは「コンピュータネットワークのネットワーク」であることを説明しました．本題である「インターネットはどこが優れているのか？」という話に進む前に，まず，コンピュータネットワークとは何なのか，コンピュータネットワークのネットワークとは何なのかを少し整理します．

コンピュータやインターネットの分野では，カタカナ語が当たり前のように利用されます．例えば，インターネットの通信方式に関する文書を読むと，

- コンピュータ（computer）
- システム（system）
- デバイス（device）
- インターフェース（interface）
- ポート（port）
- チャネル（channel）
- サーバ（server）

- クライアント (client)
- ホスト (host)
- フロー (flow)
- ストリーム (stream)
- ノード (node)
- リンク (link)
- スイッチ (switch)
- ルータ (router)
- ゲートウェイ (gateway)
- ファイアウォール (firewall)
- パケット (packet)
- データグラム (datagram)
- メッセージ (message)

などのカタカナ語が満載です．目がチカチカしますね．これらはすべて外来語で，もともとはすべて英語から来ています．

「コンピュータに関する○○の概念がよくわからない」とか，「インターネットに関する××の概念がよくわからない」という声をよく耳にします．そのような時に，何がわからないのかをじっくり聞いてみると，そもそも上記のようなカタカナ語の意味がよくわかっていないことが多いようです．ただ，よくわからないのも無理のない話だと思います．

例えば，「サーバ」，「クライアント」，「ノード」，「ホスト」，「端末」などは，すべて「通信するモノ」を表します．つまり，すべて情報の受け手だったり，送り手だったりします．しかし，これらの用語はそれぞれ微妙に異なった意味を持っていて，話の文脈や，どのレベル（＝抽象度）の話をしているのかに応じて使い分けられ

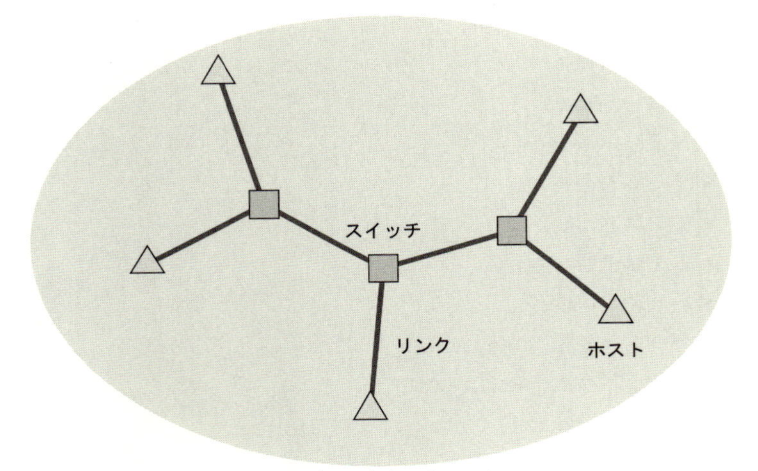

図 1.1　コンピュータネットワーク——「ホスト」,「リンク」,「スイッチ」によって構成される.

ています [7]. 同じように,「メッセージ」,「パケット」,「データグラム」などは, すべて「通信される情報」を表します. しかし, これらの用語もそれぞれ微妙に異なった意味を持っていて, 場面に応じて使い分けられています.

本書では, できるだけカタカナ語を使わないように心掛けますが, それでもある程度のカタカナ語は避けて通れません. そこでまず, コンピュータネットワークとは何か, また, コンピュータネットワークは何によって構成されるかを説明します.

「コンピュータネットワーク」とは, コンピュータを相互に接続したネットワークを意味します (**図 1.1**). コンピュータネットワークは,「ホスト (host)」,「リンク (link)」,「スイッチ (switch)」によって構成されます.

「**ホスト**」とは, コンピュータネットワークに参加しているコンピュータです．「ホスト」は，コンピュータネットワークを介して，情報を他のホストに送信したり，他のホストから情報を受信したりします．「ホスト」という言葉は，もともと大型コンピュータを意味する「ホストコンピュータ（host computer）」に由来します．当初は，コンピュータネットワークといえば，大型コンピュータ同士を接続するためのものであったため，その名残が今でも残っています．現在では，コンピュータネットワークに接続するのは大型コンピュータに限りません．スマートフォンや情報家電もコンピュータネットワークに接続されます．しかし，スマートフォンや情報家電であっても「ホスト」と呼ばれます．

「**リンク**」とは，コンピュータ同士を接続する通信回線です．「リンク」は，実際の「モノ」としては，有線であれば，さまざまなケーブル（**光ファイバケーブル**や，**同軸ケーブル**，**より対線ケーブル**など）に相当します．**無線**であれば，電磁波などに相当します．「リンク」を通して，あるコンピュータから，別のコンピュータへ情報を送信したり，別のコンピュータから情報を受信したりします．

「**スイッチ**」とは，コンピュータネットワーク上を転送される情報の交通整理を行う装置です．ここではコンピュータネットワークに複数のホストが接続されている場合を考えます（**図1.2**）．ホストXが，ホストYに向けて情報を送信したいとします．この時，コンピュータネットワーク上の経路をうまく選択し，ホストXからホストYまで間違えずに情報を届ける必要があります．スイッチは，情報が転送される経路を何らかの方法で知り，適切なリンクを選択して情報を中継します．

ここでは，ホストXからホストYへの**経路**をどうやってうまく選択するのか，また，ホストXからホストYまでどうやって間違

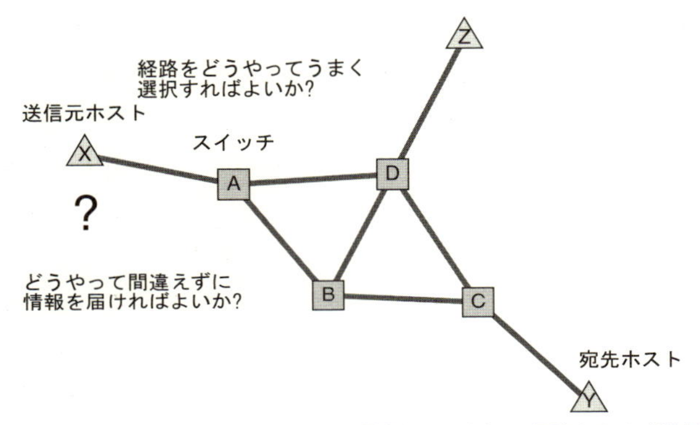

図 1.2　コンピュータネットワークにおける情報転送の例——経路をうまく選択し，ホストＸからホストＹまで情報を届ける．

えずに情報を届けるのか，が問題となります．それぞれのコンピュータネットワークは，いろいろな技術や工夫によってこれらの問題を解決しています．

なお，コンピュータネットワーク上を転送される情報の交通整理を行う装置として，「スイッチ」の他にも，「**ルータ** (router)」，「**ゲートウェイ** (gateway)」，「**ブリッジ** (bridge)」なども存在します．ネットワーク中で情報を中継する，という意味ではすべて同じなのですが，これらの用語はそれぞれ微妙に異なった意味を持っていて，場面に応じて使い分けられています [7]．特に，インターネットに関する文書では「スイッチ」だけでなく，「ルータ」という表現を頻繁に目にすると思います．本書では，「スイッチ」と「ルータ」を区別するとかえって読者が混乱すると考え，すべて「スイッチ」に統一しています．

1.2　回線交換方式とパケット交換方式

では，「インターネットはどこが優れているのか？」という疑問に戻りましょう．この疑問には，**インターネットの通信方式**を理解することによって答えることができます．

インターネットでは「**パケット交換**（packet switching）**方式**」と呼ばれる通信方式を採用しています [5,8,9]．パケット交換方式とは，コンピュータネットワークにおける通信方式の一つです．さきほどの例（図 1.2）でいえば，「ホスト X からホスト Y まで，どうやって情報を届けるか？」を実現する方式の一つです．

携帯電話やスマートフォンを使っている人なら，「パケット通信」や「パケット量」などの言葉をよく目にすると思います．これらの「パケット」は，パケット交換方式の「パケット」を意味しています．

一方，インターネット登場以前の古いコンピュータネットワークでは，「**回線交換**（circuit switching）**方式**」と呼ばれる通信方式が広く使われていました [10]．回線交換方式も，コンピュータネットワークにおける通信方式の一つです．回線交換方式は，もともとは**電話網**で使われていた通信方式です．電話網もネットワーク（＝網）の一種ですが，コンピュータ同士をつないだコンピュータネットワークではなく，電話機同士をつないだ電話機のネットワークです．

アナログ電話網を例に挙げて，回線交換方式を説明します．その後，インターネットの通信方式であるパケット交換方式を説明します．歴史的には，まず回線交換方式が生まれました．その後，しばらく経ってからパケット交換方式が生まれたので，回線交換方式→パケット交換方式の順に説明しましょう．

まず，回線交換方式の原理を説明します．**図 1.3** は，回線交換方式において，ホスト X からホスト Y へと情報を転送する時の動作を示しています．回線交換方式では，以下のような手順で通信が行われます [10]．

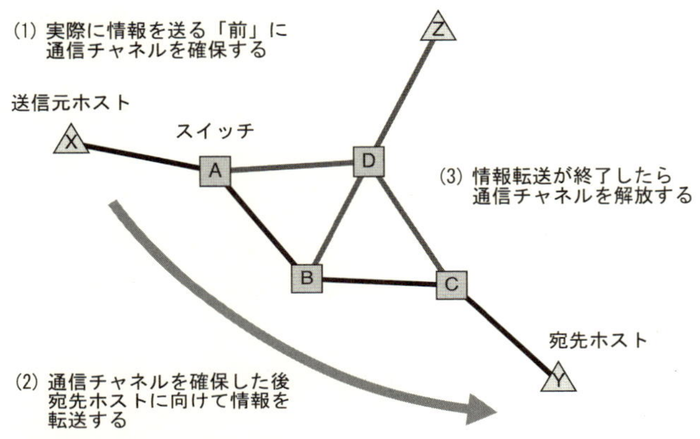

図 1.3　回線交換方式の原理――送信元ホスト～宛先ホストの間の通信チャネルを確保してから情報を転送する.

(1) 通信チャネルの確保

実際に情報を送る前に,**送信元ホスト**と**宛先ホスト**の間のすべてのスイッチを制御し,通信チャネルを確保します.回線交換方式では,ネットワーク全体を管理する**中央制御装置**が,すべてのスイッチやリンクの使用状況を把握しています.中央制御装置は,ネットワーク全体の情報をもとに,送信元ホストと宛先ホストの間の経路を選択します.中央制御装置は,経路上のすべてのスイッチに指示を送り,通信チャネルを確保します.

いったん通信チャネルが確保されると,送信元ホストと宛先ホストは,この通信チャネルを占有することができます.図 1.3 の例では,ホスト X～スイッチ A～スイッチ B～スイッチ C～ホスト Y 間のすべてのリンクが,ホスト X からホスト Y への通信のために一時的に確保されています.

(2) 情報の転送

送信元ホストから宛先ホストへの通信チャネルが確保できた後,

送信元ホストから宛先ホストに向けて情報転送を行います．確保された通信チャネルは，送信元ホストと宛先ホストが占有することができるため，送信元ホストから宛先ホストへの情報転送は確実に行われます．

(3) 通信チャネルの解放

送信元ホストから宛先ホストへの情報転送が終了したら，不要となった通信チャネルを解放します．通信チャネルを確保した時と同様に，中央制御装置が，経路上のすべてのスイッチに指示を送り，通信チャネルを解放します．

次に，パケット交換方式の原理を説明します．**図 1.4** は，パケット方式において，ホスト X からホスト Y へと情報を転送する時の動作を示しています．パケット交換方式では，以下のような手順で通信が行われます [5,8,9,11].

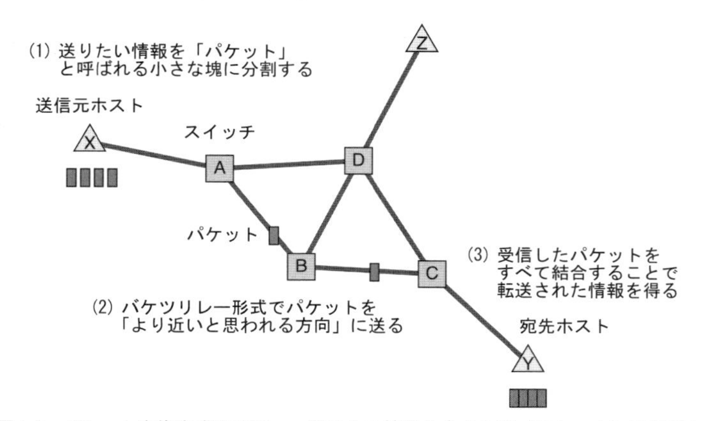

図 1.4　パケット交換方式の原理——送りたい情報を小さな塊（パケット）に分割し，バケツリレー形式でより近いほうへと転送する．

(1) 情報のパケット分割

まず，送信元ホストにおいて，送りたい情報を「**パケット**」と呼ばれる小さな塊（かたまり）に分割します．送信元ホストから宛先ホストまで，巨大なデータを転送する場合であっても，あえて小さなパケットに分割します．例えば，デジタルカメラで撮影した一枚の写真を転送する場合，一枚の写真データを数百〜数千個のパケットに分割します．

そして，分割したそれぞれのパケットに，送信元ホストと宛先ホストの名前を記入します [11]．これにより，どれか一つのパケットを見れば，そのパケットが，どのホストからどのホストに向けて送信されるものなのかが判別できるようになります．

(2) パケットのバケツリレー転送

送信元ホストは，パケットを最寄りのスイッチに送ります．回線交換方式では，情報を転送する前に通信チャネルを確保していました．パケット交換方式では，通信チャネルを確保せずにいきなり最寄りのスイッチに送ります．

パケットを受信したスイッチは，パケットに記入されている宛先ホストの名前を確認します．そして，「より近いと思われる方向」にパケットを送ります．パケットを受信したスイッチは，さらに「より近いと思われる方向にパケットを送る」という動作を繰り返します．このような動作により，バケツリレー形式でパケットが宛先ホストに（運が良ければ）届けられます．

(3) 分割されたパケットの結合

宛先ホストがすべてのパケットを（運良く）受信できた場合，受信したすべてのパケットを結合することによって，送信元ホストから転送された情報を得ることができます．

置が存在し，中央制御装置がすべてのスイッチやリンクの使用状況を把握しています．通信ネットワーク上のすべてのスイッチは，中央制御装置の指示に基づいて動作します．中央制御装置は，通信ネットワークの情報を常に監視するとともに，スイッチに対して迅速に，また確実に通信チャネル確保・解放の指示を出す必要があります．中央制御装置の指示を受けるスイッチも，中央制御装置からの指示に応じて，迅速に，また確実に動作する必要があります．中央制御装置が通信ネットワーク全体を管理・制御することから，回線交換方式の通信ネットワークは「**集中制御型**の通信ネットワーク」と呼ばれます [10]．集中制御型の通信ネットワークでは，中央制御装置やスイッチが，常に正確に，また確実に動作し続けなければなりません．

一方，パケット交換方式では，通信ネットワーク全体を管理する中央制御装置は存在しません．ホストやスイッチは，それぞれ独自の判断でパケットの中継を行います．パケット交換方式では，情報の転送に先立って通信チャネルを確保する必要はありません．送信元ホストやスイッチは，それぞれ自由なタイミングでパケットを転送します．また，回線交換方式のように，送信元ホストから宛先ホストまでの最短経路を探索してから情報を転送するのではなく，送信元ホストやスイッチは「より近いと思われる方向」にパケットを送ります．このように，パケット交換方式では，中央制御装置は存在せず，また，それぞれのスイッチも比較的単純なルールに従ってそれぞれ独立に動作します．このため，パケット交換方式の通信ネットワークは「**分散制御型**の通信ネットワーク」と呼ばれます．

つまり，パケット交換方式では，回線交換方式とは異なり，それぞれのスイッチが各自の判断で動作します．このため，中央制御装置も不要ですし，スイッチの仕組みも簡単で済みます．スイッチの仕組みが簡単であるため，スイッチの費用を低く抑えることができます [16]．また，それぞれのスイッチが独自の判断で動作することから，一部のスイッチやリンクが故障したとしても，通信ネットワークは（故障した箇所を除いて）動作し続けることができます．

疑問 1：インターネットはどこが優れているのか？
答　え：インターネットは費用が低く抑えられ，また故障に強いコンピュータネットワークである．

疑問2
インターネットに弱点はないのか？

さきほどの疑問1「インターネットはどこが優れているのか？」と同じように，これも「答が一つに定まらない」疑問です．ここでも，インターネットの通信方式の観点から，インターネットの弱点を考えてみます．

2.1 コンピュータネットワークの品質とは

インターネットの弱点の話に進む前に，「コンピュータネットワークにはどのような品質が求められるか？」[13] を説明しましょう．コンピュータネットワークは，もともと資源を共有することを目的として生まれました．序章で述べたように，コンピュータネットワークとは，コンピュータ同士を通信回線で接続したネットワークです．計測装置や記憶装置などの高価な装置を，それぞれのコンピュータごとに用意すると非常にコストがかかってしまいます．そのため，少数の（高価な）装置を，複数のコンピュータで共有できるようにすることを目的としてコンピュータネットワークが生まれました．現在も，コンピュータネットワークの利用目的の多くは資源共有といえます．Webブラウザを用いたWebページの閲覧や，ストリーミング再生による音楽や動画像の視聴，遠隔地にあるコンピュータを離れた場所から操作するリモートアクセス（remote access）なども，すべて**資源共有**の一種であるといえます[1]．

コンピュータネットワークの用途を資源共有に限定したとして，どのようなコンピュータネットワークが，「良い」コンピュータネットワークでしょうか？　素朴に考えれば，

- 誰でも
- いつでも
- どこでも
- 誰とでも
- 簡単に
- 速く
- 確実に
- 低コストで

通信できるようなコンピュータネットワークが「良い」コンピュータネットワークでしょう．

ここで，1章と同じ例（**図2.1**）を用いて，コンピュータネットワークに求められる**品質**（quality）を整理してみます．コンピュータネットワークの品質は，「速度（speed）」，「信頼性（reliability）」，「可用性（availability）」という3つの観点で整理することができます（**図2.2**）[17]．

---

[1] 電子メールや，メッセージング，IP電話など，資源共有ではなくコミュニケーションを目的とする利用もあります．

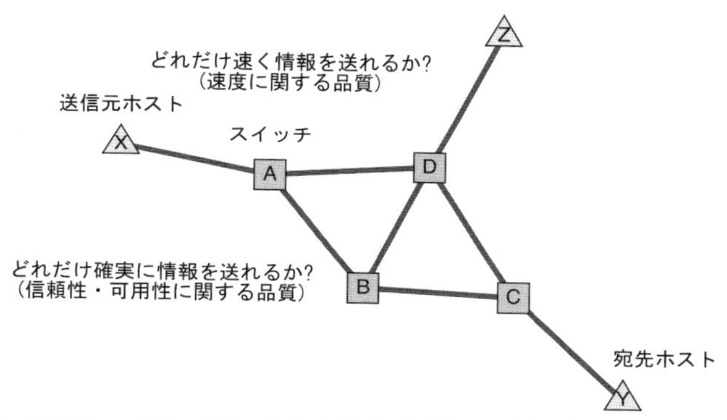

図 2.1　コンピュータネットワークに求められる品質——速度・信頼性・可用性という3つの観点で整理できる.

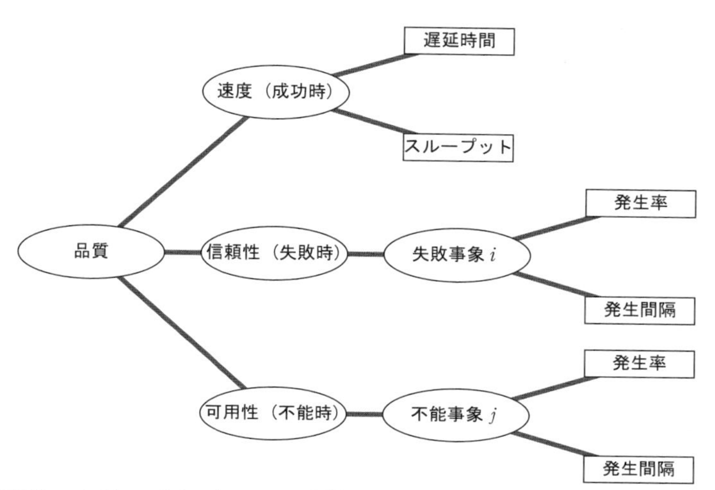

図 2.2　コンピュータネットワークの品質を測る指標の分類——速度を測る指標は「遅延時間」と「スループット」, 信頼性と可用性を測る指標はさまざまな失敗事象や不能事象の「発生率」と「発生間隔」.

• 速度に関する品質

「速度」は，コンピュータネットワークにおける情報転送が成功する場合の，その情報転送の「速さ」に関する品質です．コンピュータネットワークにおいて，送信元ホストから宛先ホストまでの情報転送は必ずしも成功するとは限りませんが，情報転送が成功する場合には，その情報転送の「速さ」が重要となります．

ただし，情報転送の「速さ」には，「**遅延時間** (delay time)」という意味での速さ（**図 2.3**）と，「**スループット** (throughput)」という意味での速さ（**図 2.4**），の 2 種類があります．

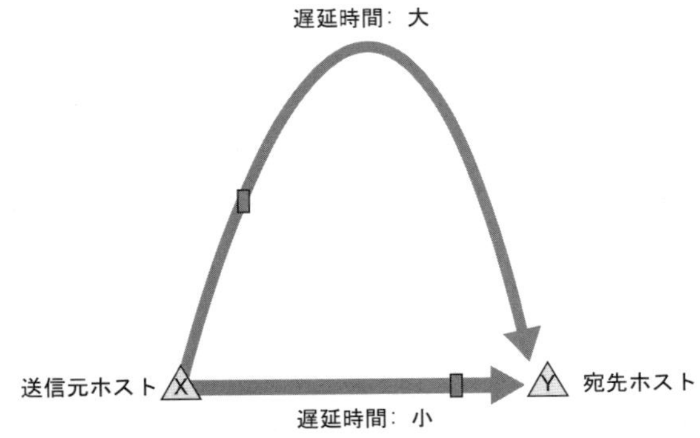

図 2.3　遅延時間――何らかの情報の転送を開始してから，その情報の転送が完了するまでに要する時間．

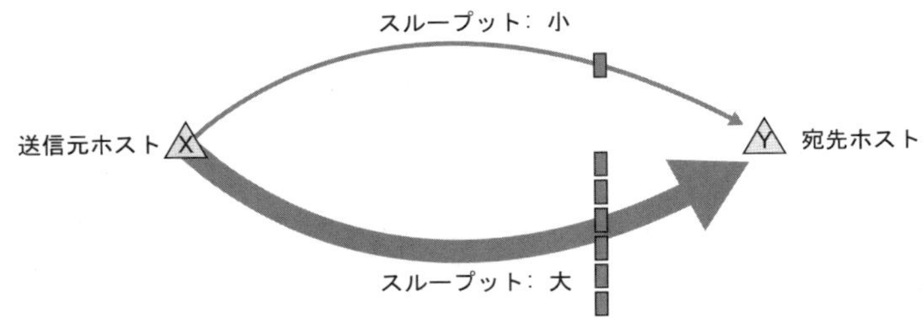

図 2.4　スループット――単位時間あたりに転送できる情報の量．

遅延時間とは，何らかの情報の転送を開始してから，その情報の転送が完了するまでに要する時間です [9,17]．転送が完了するまでの時間なので，遅延時間の単位としては「ミリ秒（=1/1,000 秒）」や「秒」が用いられます．遅延時間は「待ち時間」なので，値は小さいほうが望ましくなります．遅延時間が小さいと，送った情報がすぐに転送されます．逆に，遅延時間が大きいと，ある情報を転送してから，その情報の転送が完了するまでに長い時間がかかることになります．

スループットとは，単位時間あたりに転送できる情報の量を意味します [9,17]．コンピュータネットワークの分野では，情報の量の単位として**ビット**（bit）や**バイト**（byte）（=8 ビット）が用いられます[2)]．そのため，スループットの単位としては「ビット/秒」が用いられます．「ビット/秒」は英語で bit per second なので，「ビット/秒」は bit per second の頭文字を取って **bps** とも表記されます．スループットは「転送できる量」なので，値は大きいほうが望ましくなります．スループットが大きいと，多量の情報を次々と転送できることになります．逆に，スループットが小さいと，少量の情報しか転送できないことになります．

「遅延時間という意味で速い」ことと「スループットという意味で速い」ことは意味が異なるので注意が必要です．一般に「インターネットが速い」といった表現が使われる場合には，遅延時間とスループットを混同していることが多いようです．遅延時間とスループットは異なる性能指標なので，コンピュータネットワークの「速さ」について議論する時には，両者を区別する必要があります．

---

2) インターネットの分野では，8 ビットを意味する「オクテット (octet)」という単位も用いられます．ほとんどの場合，1 バイトは 8 ビットですが，1 バイトが 8 ビットではないコンピュータも存在するためです．

一般に，遅延時間の小さいコンピュータネットワークでは，スループットが大きくなる傾向があります．その一方，たとえ遅延時間が大きいコンピュータネットワークであったとしても，スループットが必ずしも小さいとは限りません．

コンピュータネットワークの遅延時間をT[秒]，情報転送の単位をS[ビット]とします．一単位ずつ情報を転送し，情報転送が完了すれば，ただちに次の情報を転送するとします．この時のスループットは，T[秒]でS[ビット]が転送できますので，

$$\frac{S}{T} \tag{2.1}$$

となります．したがって，遅延時間Tが1/2になれば，スループットもそれにあわせて2倍になります．ただし，上の説明では，「一単位ずつ情報を転送する」と仮定したところがポイントです．

コンピュータネットワークそのものや，コンピュータの利用目的によりますが，「一単位ずつ情報を転送」しなくてよいケースもたくさんあります．N単位ずつ情報を転送できるとすれば，その時のスループットは

$$\frac{NS}{T} \tag{2.2}$$

となります．たとえ遅延時間Tが大きいとしても，Nを増加させることによりスループットを高めることができるのです．

• 信頼性および可用性に関する品質

「信頼性」および「可用性」は，コンピュータネットワークにおける情報転送の「成功しやすさ」に関する品質です．コンピュータネットワークにおける情報転送は必ずしも成功するとは限りません．送信元ホストが送った情報が，壊れた形で宛先ホストに届くかもしれません．送信元ホストが送った情報が，宛先ホストではない他のホストに誤って届いてしまうかもしれません．もしくは，送信

元ホストが送った情報が，コンピュータネットワーク中のどこかで消えてしまうかもしれません．

ただし，「情報転送が成功しない」という場合には，「情報は転送されたが何かが間違っている」というパターンと，「そもそも情報が転送されない」というパターンの 2 種類があります．本書では，「情報が転送された時の，情報の正しさ」に関する品質を「信頼性」(**図 2.5**)，「そもそも情報が転送されたか」に関する品質を「可用性」(**図 2.6**) と分類します [17].

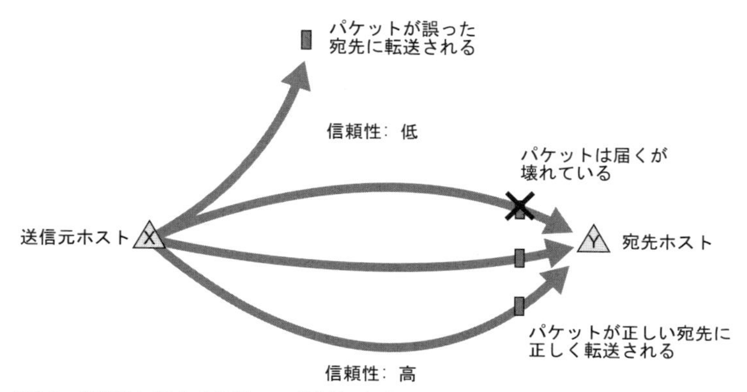

図 2.5　信頼性に関する品質――「情報は転送されたが何かが間違っている」というパターン.

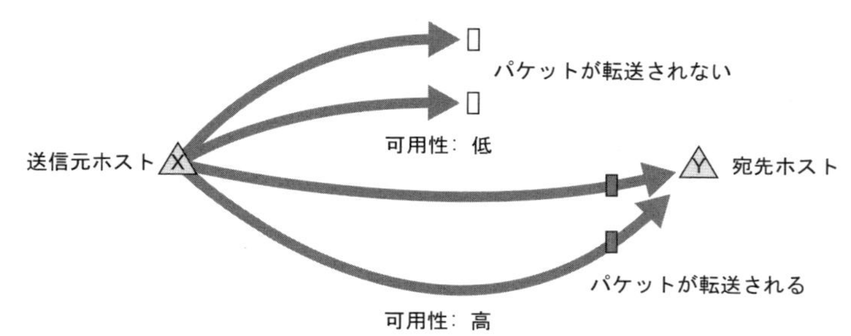

図 2.6　可用性に関する品質――「そもそも情報が転送されない」というパターン.

「信頼性」に関しては，図 2.2 に示したように，さまざまな失敗の事象が存在し，それぞれの事象ごとに，発生率と発生間隔を考えます [17]．例えば，失敗の事象として，「転送した情報の中身が壊れる」場合を考えると，情報の中身が壊れるという事象の発生率と，一度壊れてから，また次に壊れるまでの間隔を品質の指標として考えます．

「可用性」に関しても同様に，さまざまな「そもそも転送されない」事象が存在し，それぞれの事象ごとに，発生率と発生間隔を考えます．例えば，送信元ホストが送信した情報が，途中のスイッチで廃棄されてしまう場合を考えると，送信した情報が，途中のいずれかのスイッチで廃棄されるという事象の発生率と，どこかのスイッチで廃棄されてから，また次に廃棄されるまでの間隔を品質の指標として考えます．

2.2 パケット交換方式の欠点

1 章で，従来のアナログ電話網で用いられている回線交換方式と，インターネットで用いられているパケット交換方式について説明しました．また，回線交換方式と比較して，パケット交換方式がいかに優れているかを説明しました．しかし，「品質」という観点で回線交換方式とパケット交換方式を比較すると，今度は逆にインターネットの欠点が浮かび上がってきます．

パケット交換方式とは，送りたい情報を「パケット」と呼ばれる小さな塊に分割し，それぞれのパケットをバケツリレー形式で「より近いと思われる方向に」バケツリレー形式で中継するという方式でした．物事を表から見るか，それとも裏から見るかによって，見え方がぜんぜん変わってきます．

回線交換方式では，情報を転送する「前」に，通信チャネルを確保します．いったん確保した通信チャネルは，送信元ホストおよび宛先ホストが占有することができます．このため，回線交換方式は，通信回線の利用効率という観点では「悪い」通信方式ですが，通信品質という観点では逆に「良い」通信方式といえます [14, 15].

また，回線交換方式では，通信チャネルを占有することができるため，「速度」の観点で品質の「良い」通信方式であるといえます．回線交換方式では，いったん通信チャネルが確保できれば，その通信チャネルを占有できるため，必ず一定の時間内に情報転送を完了することができます．したがって，遅延時間の観点でも，またスループットの観点でも，「速い」情報転送が可能です．

さらに，回線交換方式では，通信チャネルが確保できれば，間違った宛先ホストに誤って届けられることがなく，また，途中のスイッチで情報が消えることも（基本的には）ありませんので，「信頼性」および「可用性」の観点からも，品質の「良い」通信方式であるといえます．

それに対して，パケット交換方式では，情報転送に先立って通信チャネルを確保する必要がありません．また，回線交換方式のような中央制御装置が存在せず，それぞれのスイッチが各自の判断で動作します．このため，パケット交換方式は，通信回線の利用効率という観点では「良い」通信方式ですが，通信品質という観点では逆に「悪い」通信方式といえます．

また，パケット交換方式では，通信回線を占有することもできず，パケットが途中のスイッチで待たされるかもしれないため，「速度」の観点で品質の「悪い」通信方式であるといえます．パケット交換方式では，情報（＝パケット）はバケツリレー形式で宛先ホストへと届けられます．それぞれのホストやスイッチは自由なタイミングでパケットを送信します．そのため，あるスイッチに，一時的に多くのパケットが送信された場合は，そのスイッチはパケットをすぐに処理できず，そこで待ちが発生してしまいます．最悪の場合には，あるスイッチに，一時的に大量のパケットが送信されてしまい，スイッチの処理能力を超えてしまったために，一部のパケットが捨てられてしまう可能性もあります．また，通信回線を複数の利用者で共有することから，他の利用者数が増えたり，他の利用者が大量の情報を転送したりすると，自身の通信速度が低下してしまいます．このため，回線交換方式と比較すると，パケット交換方式は遅延時間が大きく，また，スループットも低い通信方式です．

さらに，パケット交換方式では，スイッチにおいてパケットが消えてしまうかもしれないし，また，「より近いと思われる方向」にバケツリレー形式で中継する，という方式であるため，「信頼性」および「可用性」の観点からも，品質の「悪い」通信方式であるといえます．

インターネットについて解説した記事や書籍は，「インターネットがいかに素晴しいか」を説明しているものが大半のように思えます．インターネットの通信方式であるパケット交換方式の説明も珍しくはありませんが，「インターネット万歳！」という視点で書かれたものが多いように思います．インターネットの通信方式であるパケット交換方式は，「通信品質を犠牲することによって，費用を低く抑え，また故障に強いコンピュータネットワークにした」といえるでしょう．

パケット交換方式とは，「凡人には思いつかないような魔法のように素晴しい通信方式」なのではなく，いわゆる「コロンブスの卵」のような通信方式といえるでしょう．パケット交換方式の考案者や，インターネットの通信方式としてパケット交換方式を採用しようと決めた人々が素晴しいのは，「通信品質をあえて落とす」という大胆な決断をしたことにあるのだろうと思います．コンピュータネットワークの目的は，「速く，確実に，誤りなく情報を届けること」が最優先事項で，費用や故障に対する耐性は二の次だと多くの人は考えるでしょう．最優先事項である「通信品質」をあえて犠牲にする，という逆転の発想が，パケット交換方式の素晴しさの本質だと思います．

疑問2：インターネットに弱点はないのか？
答　え：ある．（回線交換方式と比較すると）インターネットは通信品質が悪くなる可能性のあるネットワークである．

疑問3

インターネットはなぜ高速なのか？

近年のインターネットは非常に高速です．巨大なファイルであっても，インターネットを介して非常に高速に転送することができます．例えば，最近の高精細なデジタルカメラで撮影した写真は，一枚が数十メガバイトほどあります．10 メガバイトは，$10 \times (8 \times 10^6)$ ビット，つまり，80,000,000 ビット（8 千万ビット）です．このくらい巨大なファイルでも，通信環境によりますが，数秒から数十秒程度で転送できてしまいます．

インターネット上で，ハイビジョンテレビと同等とはいかないまでも，非常に高精細なビデオをストリーミング再生することができます．ストリーミング再生するビデオの種類にもよりますが，例えば，高精細なビデオだと 1 秒間に転送されるデータ量が数百キロバイトほどになります．100 キロバイト/秒は，$100 \times (8 \times 10^3)$ ビット/秒，つまり，800,000 ビット/秒（80 万ビット/秒）です．途切れずにストリーミング再生をするためには，インターネットの通信速度が，ビデオのデータ量を上回っていないといけません．これも通信環境によりますが，数百キロバイト/秒くらいだと途切れずに再生できてしまいます．

インターネットの「速さ」の秘訣はどこにあるのでしょう？　本章では，この疑問について考えてみたいと思います．

3.1 コンピュータネットワークの「速さ」

「インターネットはなぜ高速なのか？」という疑問は，疑問1「インターネットはどこが優れているのか？」，疑問2「インターネットに弱点はないのか？」とは異なり，基本的には技術的な疑問です．経済学者の観点から答えれば○○○だが，社会学者の観点から答えれば△△△であり，エンジニアの観点から答えれば×××というような，主観によって答えが変わるような疑問ではありません．ただし，インターネットはさまざまな要素技術によって支えられているため，「インターネットはなぜ高速なのか？」という疑問に答えることはそれほど簡単ではありません．

2章で述べたように，コンピュータネットワークの「速さ」に関する品質は，「遅延時間」という意味での速さと，「スループット」という意味での速さの2種類があります．また，コンピュータネットワークの「速さ」といった場合も，「何をした時の速さなのか？」によってさまざまなパターンがあります．例えば，一つのパケットを送信元ホストから宛先ホストに送った時の「速さ」なのか．もしくは，デジタルカメラの写真のようなひとまとまりのデータを送信元ホストから宛先ホストに送った時の「速さ」なのか．もしくは，インターネット上の Web ページを閲覧した時の「速さ」なのか．インターネット上で何をするかによって，それぞれに応じて，インターネットが高速な（もしくは逆に低速な）理由があります．

以下では，「インターネット上でパケットを転送した時」の「速さ」について話をします．1章および2章では，インターネットの通信方式であるパケット交換方式を説明しました．パケット交換方式では，送信元ホストから送られたパケットが，ネットワーク中のスイッチ間をバケツリレー形式で転送されることで，最終的に宛先ホストへと届けられます．この時のパケット転送の「速さ」にも，「遅延時間」という意味での速さと，「スループット」という意味での速さがあります．パケット転送における「遅延時間」とは，送信元ホストでパケットを送信してから，宛先ホストへと届けられるまでの時間を意味します．送ったパケットが，すぐに届いたら「速い」，逆に，時間がかかったら「遅い」という意味です．パケット転送における「スループット」とは，送信元ホストから単位時間あたり（例えば，1秒あたり）にどれだけたくさんのパケットを宛先ホストに送ることができるかを意味します．ある単位時間中に，たくさんのパケットを届けられたら「速い」，逆に，少ししか届けられなければ「遅い」という意味です．

現在のインターネットは，「遅延時間」という観点ではまずまず高速ですし，「スループット」という観点では非常に高速です．実際には，インターネットが高速であるのには，さまざまな理由があります．これまで，たくさんの研究者や技術者らが工夫を重ねたことにより，現在のように高速なインターネットが実現されています．

送信元ホストから宛先ホストへと，パケット交換方式で情報を転送する場合を考えます．この時，コンピュータネットワークの「速さ」は，情報が転送される経路上の，一番遅いところの「速さ」で決まってしまいます．例えば，**図 3.1** において，送信元ホスト X から，宛先ホスト Y へとパケットを転送する場合を考えます．この場合，送信元ホスト X や宛先ホスト Y だけでなく，経路上のスイ

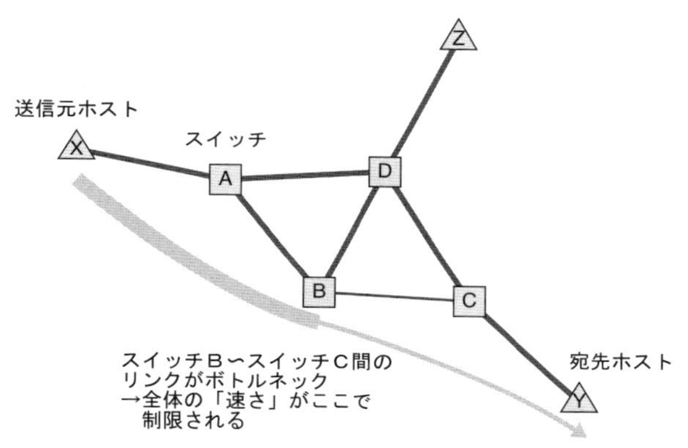

図 3.1　情報転送のボトルネック――一箇所でも遅い場所（「ボトルネック」と呼ばれる）があれば全体の「速さ」がそこで制限されてしまう．

ッチ A，B，C がすべて高速に動作しなければなりません．同様に，送信元ホスト X〜スイッチ A〜スイッチ B〜スイッチ C〜宛先ホスト Y の 4 本のリンクもすべて高速に動作しなければなりません．一箇所でも遅い場所（「**ボトルネック**（bottleneck)」と呼ばれます）があれば，全体の「速さ」がそこで制限されてしまうからです．

したがって，ホスト，スイッチ，リンクというそれぞれの要素自体の高速化も必要ですし，ホスト，スイッチ，リンクを利用する通信方式の高速化も必要です．

例えば，ホスト自体を高速化するために，

① ホストの処理をソフトウェアではなくハードウェアで実行する
② 高速なハードウェアを採用する
③ ホストの処理を高速なアルゴリズムで実現する

など，さまざまな工夫が行われています．スイッチについても同じ

ように,

① スイッチの処理をソフトウェアではなくハードウェアで実行する
② 高速なハードウェアを採用する
③ スイッチの処理を高速なアルゴリズムで実現する

など，さまざまな工夫が行われています．リンク自体を高速化するために,

① 有線の場合，ケーブルの信号線の数を増やす
② 有線の場合，ケーブルを電線ではなく光ファイバにする
③ 無線の場合，より広い周波数帯を利用する
④ 無線の場合，使用するアンテナ数を増やす

などの工夫が行われています.

これらの中でも，以下では，特にインターネットの通信方式（パケット交換方式）におけるスイッチの「速さ」の理由に焦点を当てます.

3.2 待ち行列理論とは

「インターネットはなぜ高速なのか？」という疑問に，待ち行列理論を使って答えましょう．**待ち行列理論**とは応用数学の一分野です [17-19]．手元にあるいろいろな辞典で「待ち行列理論」を調べてみましたが，エンカルタ（マイクロソフト社）の説明がわかりやすいのでこれを引用します.

> 待ち行列理論［まちぎょうれつりろん］(Queuing Theory)：
> **OR（オペレーションズリサーチ）**の一分野でつかわれる，確

率論（→確率）を応用した数学理論．待ち合わせ理論ともいう．
いろいろな業種のサービスカウンターなどで，順番待ちの行列ができるような状況を数学的にあつかう有力な手法であり，20世紀初めに電話回線網の研究からはじまった．サービス窓口や通信回線などに，どの程度頻繁に処理要求がきて，1件当たりの処理にかかる時間はどれくらいかなどをしらべ，どのくらいの順番待ちができるかを予想して，客の要望に素早く対応できるシステムの設計に役だてる．
待ち行列理論は，今日では列車や航空の運航サービスをはじめ，コンピューターでのジョブ待ちの問題など，さまざまな方面に応用されている．

インターネットや，コンピュータネットワーク，さらには情報通信の分野だけに限らず，みなさんの日常生活にも「**順番待ちの行列ができるような状況**」があふれています．人気のあるレストランに行けば，席に案内されるのを待つ，地元で評判の病院に行けば，医師の診察を受けるのを待つ，都会のコンビニエンスストアに行けば，レジでの支払いを待つなど，順番待ちの行列ができているでしょう．待ち行列理論とは，このような「待ち行列」を数学的に分析するための理論です．

上記の説明にもあるように，待ち行列理論は，もともとはアナログ電話網の研究から生まれた理論ですが，「待ち行列」であれば何にでも適用することができます．以下で説明するように，インターネットにもある種の「待ち行列」が存在するため，インターネットの特性も待ち行列理論で分析することが可能なのです．

単一の待ち行列（queue）を模式化したものを**図3.2**に示します．左から「**客**（customer）」が到着し，何らかの「**サービス**（ser-

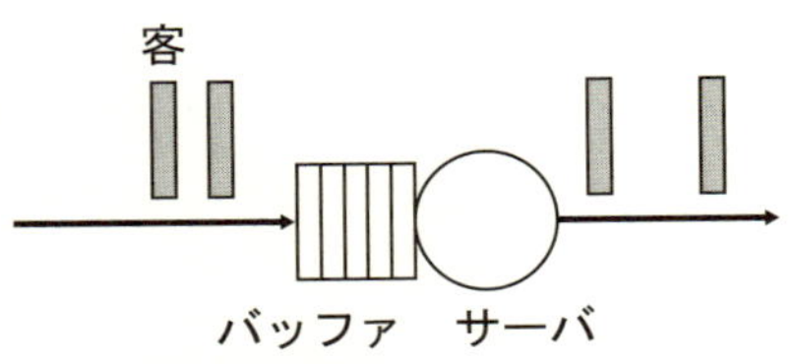

図 3.2　待ち行列――左から「客」が到着し，サービスを受け，右から出てゆく．すでにサービスを受けている客がいれば，後から到着した客は行列を作って待つ．

vice)」を受けて，サービスが完了したら右から出てゆきます．ただし，すでにサービスを受けている客が到着していれば，後から到着した客は「**バッファ**(buffer)」に入って自分の番が来るのを待ちます．一般に，それぞれの客はバラバラのタイミングで到着します．そのため，客は，運が良ければすぐにサービスを受けられます．逆に，運が悪ければ，すでに多数の待っている客がいて，自分の番が来るまで長時間待たなければいけません．

待ち行列は，客がどのようなタイミングで到着するか，一人の客[1]のサービスにどのくらいの時間がかかるか，待ち行列に収容できる客の上限，同時にサービスできる客の数などによって，さまざまな種類があります．客が到着するタイミングだけでも，(a) 規則的な間隔で到着する場合，(b) デタラメな間隔で到着する場合，の大きく 2 通りに分けられます．さらに，「規則的な間隔」や「デタラメな間隔」には無数のパターンがあります．そのため，待ち行列にも無数のパターンがあります．

以下では，無数に存在する待ち行列の中でも，M/M/1 および

[1] 待ち行列における「客」は人間（ヒト）とは限りません．コンピュータネットワークの世界だと，「パケット」だったり，「要求（リクエスト）」だったり，「接続（コネクション）」だったりします．本書では，待ち行列をイメージしてもらいやすいように，あえて「ヒト」を想定した説明をしています．

M/D/1 と呼ばれる待ち行列 [17–19] を紹介します．

3.3 M/M/1 待ち行列

M/M/1 待ち行列は最も基本的な待ち行列です．待ち行列モデルの種類は，X/Y/m とか，X/Y/m/k のように，アルファベットや数字をスラッシュ（/）で区切って表記されます．このような表記法は，「**ケンドールの記法**(Kendall notation)」と呼ばれています[2)]．最初の X は，客がどのようなパターンで到着するか（**客の到着間隔分布**）を表します．2 番目の Y は，客のサービスにどのくらいの時間がかかるか（**サービス時間分布**）を表します．3 番目の m は，同時にサービスできる客の数（**サーバ数**）を表しています．最後の k は，待ち行列に収容できる客の数を表しています[3)]．X/Y/m のように，4 番目の/k が存在しない場合は，収容できる客の数に上限がない（無限大）であることを意味しています．

M/M/1 待ち行列の最初の「M」は，客の到着間隔の分布が **Memoryless**（**指数分布**[4)]）であることを表し，2 番目の「M」は，サービス時間の分布が Memoryless（指数分布）であることを表し，3 番目の「1」は，同時にサービスできる客の数が 1 であることを表しています．その後に/k がありませんので，収容できる客の数に上限がない（無限大）であることを意味しています．

---

2) ケンドールの記法にはいくつかのバリエーションがありますが，ここでは最も基本的なパターンを紹介しています．

3) 例えば，M/M/2/10 待ち行列であれば，サーバ数が 2 で，収容できる客の数が 10 となります．これは，バッファサイズが 8 であることを意味しています（最大でも，サービス中の 2 人と，バッファで待っている 8 人までしか待ち行列に入れないことを意味します）．

4) Memoryless は日本語でいえば「無記憶性」という意味ですが，後ほど紹介するように，「指数分布」だけが無記憶性を持つ（連続）分布です．

確率を学んだことがない人にとっては，客の「到着間隔の分布」や，「サービス時間の分布」というのは馴染みのない表現かもしれません．客の到着間隔の分布 (distribution) とは，「1 人目の客が来てから，2 人目の客が来るまでの時間」，「2 人目の客が来てから，3 人目の客が来るまでの時間」，「3 人目の客が来てから，4 人目の客が来るまでの時間」……という「到着間隔」のバラツキを意味しています[5]．同じように，サービス時間の分布とは，「1 人目の客のサービスにかかる時間」，「2 人目の客のサービスにかかる時間」，「3 人目の客のサービスにかかる時間」……という「サービス時間」のバラツキを意味しています．

客の到着間隔の分布が Memoryless（指数分布）とか，サービス時間分布が Memoryless（指数分布）というのも，なかなかイカツイ表現ですね．本書では，紙面の都合上，数学的に厳密で正しい説明をするのではなく，「要はどういうことなのか？」というポイントだけを説明します．確率分布や待ち行列理論の詳細については，教科書や参考書を参照してください．

$i(\geqq 1)$ 番目の客の到着時刻を T_i と表記することにします．つまり，1 人目の客の到着時刻を T_1，2 人目の客の到着時刻を T_2，3 人目の客の到着時刻を T_3……と表記します．客の到着間隔は，i 番目の客の到着時刻と，$i+1$ 番目の客の到着時刻との差になります．このため，i 番目の客の到着間隔を X_i と表記すれば，

$$X_i = T_{i+1} - T_i \tag{3.1}$$

になります．

---

[5] 確率を学んだことがない人でも理解してもらえるように，ここではおおよそのイメージを説明しています．分布の正しい定義については参考書（例えば [20, 21]）を参照してください．

客の到着間隔の分布とは，$X_1, X_2, \ldots, X_i, \ldots$ のバラツキを意味します．待ち行列理論では（数学の確率論では），それぞれ X_1 や X_2 等の値が実際にいくつであるかを考えるのではなく，無数に存在する $X_1, X_2, \ldots$ のバラツキについて考えます．

さて，いよいよ指数分布の話に入りましょう．前述のように M/M/1 待ち行列は，最も基本的な待ち行列です．最もクセがなく，素直で，単純な待ち行列といってもよいでしょう．なぜ「単純」かといえば，客の到着間隔の分布が「単純」で，サービス時間の分布も「単純」で，サーバ数も 1 だからです．さらに，M/M/1 待ち行列には収容できる客の数の上限もありません．

客の到着時間の分布（バラツキ）を考えた場合に，最も単純なのは，「過去に，どういう間隔で客が到着していたかに関係なく，次の到着間隔が決まる」場合です．確率論では，このような性質を「**無記憶性**（memoryless property）」と呼びます．素朴に考えると，「毎回，一定時間ごとに客が到着する場合（例えば，きっちり 1 分ごとに客が到着する場合）」が最も単純だと思うかもしれません．これはこれで十分単純ですが，「次の到着間隔は過去によらずに決まる」という無記憶性を持つ場合のほうがさらに単純なのです．

さて，ここで一つ興味深い事実を紹介します．

無記憶性を有する（連続）確率分布は，指数分布だけである

指数分布の確率密度関数（PDF：Probability Density Function）（ただし $x \geqq 0$）は次式で与えられます（**図 3.3**）．

$$f(x) = \frac{1}{a}\, e^{-x/a} \tag{3.2}$$

ここで a は指数分布のスケールパラメータ（指数分布の形状を決める変数）です．この式の意味するところを直感的に理解することは

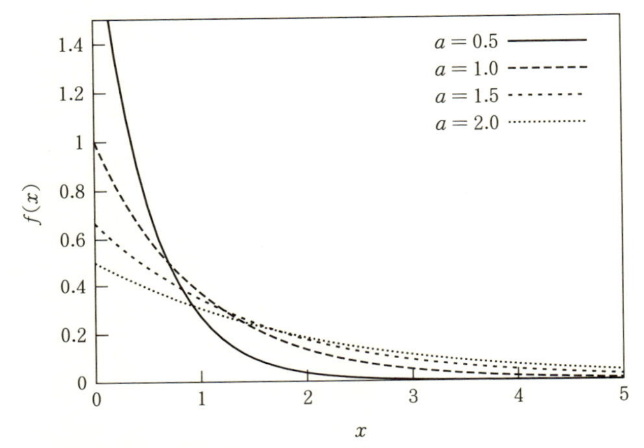

図 3.3　指数分布の確率密度関数——$f(x) = \dfrac{1}{a}e^{-x/a}$ − a は指数分布のスケールパラメータ（指数分布の形状を決める変数）.

難しいかもしれませんが，要は，

- 「過去によらず次の事象が決まる」という（無記憶性を有する）単純な確率分布は，なぜか指数分布になっている
- 指数分布は，無記憶性を有する唯一の（連続）確率分布である（指数分布以外に，無記憶性を有する確率分布は存在しない）

ということです．最も単純なパターンを考えたら，（我々にとってはそれほど単純とは思えない）指数関数で分布が決まる確率分布になっている，という事実です．

M/M/1 待ち行列の話に戻ると，M/M/1 待ち行列とは客の到着間隔の分布が Memoryless（指数分布）であり，また，サービス時間分布が Memoryless（指数分布）であり，さらにサーバの数が 1 であるような，最も単純な待ち行列です．「指数分布」という見慣れない名前や，式(3.2) のせいで難しそうに見えますが，M/M/1 待

ち行列は，最も基本的で，単純な待ち行列です．

このように基本的な M/M/1 待ち行列ですが，基本的なだけあって，M/M/1 待ち行列の性質について多くのことがわかっています．M/M/1 待ち行列の性質については，この次の M/D/1 待ち行列を紹介した後で説明します．

3.4 M/D/1 待ち行列

続いて，**M/D/1 待ち行列**を紹介します．M/D/1 待ち行列と，さきほど紹介した M/M/1 待ち行列の違いは，2 番目の記号が「D」か「M」かの違いです．

M/D/1 待ち行列の最初の「M」は，客の到着間隔の分布が Memoryless（指数分布）であることを表しています．2 番目の「D」については後ほど説明します．3 番目の「1」は，同時にサービスできる客の数が 1 であることを表しています．その後に/k がありませんので，収容できる客の数に上限がない（無限大）であることを意味しています．

前述のように，2 番目の記号は，客がどのようなパターンで到着するかを表しているのでした．M/D/1 待ち行列の 2 番目の「D」は，サービス時間の分布が Deterministic（決定的）であることを表しています．サービス時間の分布が「Deterministic（決定的）」といわれると難しく聞こえますが，これは単に，サービス時間が常に一定であることを意味しています．「1 人目の客のサービスにかかる時間」，「2 人目の客のサービスにかかる時間」，「3 人目の客のサービスにかかる時間」……という「サービス時間」のバラツキを考えた時に，バラツキがない（常に同じサービス時間）ことを意味しています．

3.5 スイッチと待ち行列との対応

さて，これまでの話の流れを整理しましょう．本章では，疑問３「インターネットはなぜ高速なのか？」を考えているのでした．コンピュータネットワークの「速さ」にもいろいろな「速さ」がありますが，本章では「インターネット上でパケットを転送した時」の「速さ」について考えています．

パケット交換方式における，それぞれのスイッチの動作に注目すると，それぞれのスイッチは一種の「待ち行列」として動作していることがわかります．１章で説明したように，インターネットは，パケット交換方式と呼ばれる通信方式を用いています．パケット交換方式において，それぞれのスイッチは，到着したパケットをバッファに収容し，バッファに収容したパケットを次のスイッチもしくはホストへと送信します．スイッチに到着するパケットを「客」と考え，パケットを次のスイッチもしくはホストへ送信することを「サービス」と考えれば，スイッチは「待ち行列」として動作しているとみなすことができます（**図 3.4**）．インターネットにおけるスイッチは，おおよそ M/D/1 待ち行列に相当すると考えることができます．

上述のように，「パケット ＝ 客」と考えると，客（＝ パケット）の到着間隔の分布は Memoryless（指数分布）でおおよそ近似できます．多数の送信元ホストから，バラバラにパケットが送信された時，スイッチに到着するパケットの到着間隔の分布は指数分布に近づきます．このため，（厳密には指数分布にはならないのですが）「客（パケット）の到着間隔の分布が指数分布に従う」というのは悪くない近似です．

客のサービス時間の分布は，以下で説明するように，Determin-

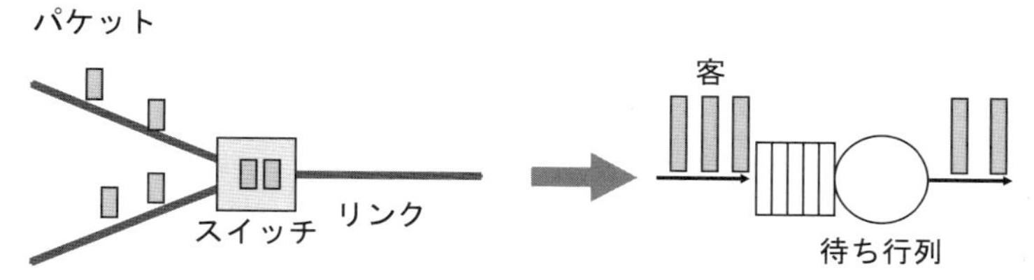

図 3.4　「待ち行列」としてのスイッチ——パケット交換方式のスイッチは「待ち行列」とみなすことができる.

istic（＝一定値）でおおよそ近似できます．スイッチにおける各パケットのサービス時間（スイッチが，あるパケットを次のスイッチもしくはホストに送信するまでの時間）はさまざまな要因によって変動します．各スイッチは，それぞれのパケットに対して，

① パケットに記入されている宛先ホストの名前を取り出す
② パケットの宛先ホストにより近いと思われる方向を判断する
③ パケットを次のスイッチもしくはホストに送信する

という処理を行います．ここで，①，②，③，それぞれの処理に要する時間は複数の要因によって変動しますが，これらの中で特に時間がかかるのは③の処理です．

「③パケットを次のスイッチもしくはホストに送信する」という処理は，送信したいパケットの大きさと，スイッチの出力リンクの通信速度によって決まります．パケットの大きさを S[ビット]とし，リンクの通信速度を B[ビット/秒]とします．スイッチのバッファにおいて待ちが発生していない場合，パケットを出力リンクに送信するためには，

$$\frac{S}{B}\ [\text{秒}] \tag{3.3}$$

だけの時間がかかります．例えば，パケットの大きさを 1,500 バイ

ト，リンクの通信速度を 1 メガビット/秒とすれば，パケットを出力リンクに送信するためには，

$$\frac{1{,}500 \times 8}{1{,}000{,}000} = 0.012\,[\text{秒}] \tag{3.4}$$

かかります．

インターネットのパケット長は多くの場合，最大 1,500 バイトであり，大部分のパケットが 1,500 バイトで転送されていることから，スイッチのサービス時間の分布は Deterministic（= 一定値）でおおよそ近似できます．インターネットは，パケット交換方式と呼ばれる通信方式を採用していますが，さまざまな制約により，**パケット長**の上限は 1,500 バイト程度となっています [12, 22]．インターネットの通信規格の仕様では，1,500 バイトより大きいパケットを転送することも可能ですが，インターネットが利用している他の通信規格の制約により，多くの場合 1,500 バイトが上限となっています．その結果，インターネット上を転送されるパケットの多くは，パケット長の上限である 1,500 バイトとなっています．そのため，スイッチにおけるサービス時間はおおよそ一定，と考えることができます．

3.6 M/M/1 と M/D/1 の比較

ここで，待ち行列理論においてこれまでに明らかになっている，M/M/1 待ち行列および M/D/1 待ち行列に関する代表的な結果を紹介します．代表的な結果を説明するために，いくつかの記号を定義します．

客の「**到着率**」を λ と表記します．到着率とは，単位時間あたりに平均して到着する客の数を意味します．例えば，平均して，1 分間に 4.5 人の客が到着するなら，到着率は 4.5 人/分になります．当

然ですが，客の**平均到着間隔**は，到着率の逆数である $1/\lambda$ になります．M/M/1 待ち行列，M/D/1 待ち行列ともに，客の到着間隔は平均 $1/\lambda$ の指数分布に従う，ということになります．

「**サービス率**」を μ と表記します．サービス率とは，単位時間あたりに平均してサービスできる客の数を意味します．例えば，待ち行列内に客が存在し続ける場合に，平均して，1 分間に 6.7 人の客に対してサービスできるなら，サービス率は 6.7 人/分になります．これも当然ですが，客あたりの平均サービス時間は，サービス率の逆数である $1/\mu$ になります．M/M/1 待ち行列では，サービス時間が平均 $1/\mu$ の指数分布に従う，ということになります．M/D/1 待ち行列では，サービス時間が一定の $1/\mu$ である，ということになります．

また，「**トラヒック強度**」を $\rho = \lambda/\mu$ と定義します．トラヒック強度は，客の到着率とサービス率の比です．トラヒック強度は，「客の到着レート」を「サービス率」で割った値なので，「待ち行列がサービスできる能力に対して，どのくらいたくさんの客が到着するか」を表す指標となっています．通常，トラヒック強度 ρ は $0 \leqq \rho < 1$ の値を取ります．トラヒック強度 ρ が 1 を超えると，「待ち行列がサービスできる能力を超えて客が到着する」という状況です．これは，M/M/1 待ち行列や M/D/1 待ち行列のように，収容できる客の数に上限がない待ち行列だと，待ち行列がいつまでも伸び続けるということを意味します[6)]．

まず，M/M/1 待ち行列の代表的な結果です [17, 18]．

---

6) 正確には，トラヒック強度は「待ち行列の一つのサーバがサービスできる能力に対して，どれくらいたくさんの客が待ち行列全体に到着するか」を表しています．このため，例えばサーバ数が 4 の M/M/4 待ち行列では，トラヒック強度 ρ は，通常，$0 \leqq \rho < 1/4$ の値を取ります．

M/M/1 待ち行列の代表的な結果

- 平均系内客数

$$E[n] = \frac{\rho}{1-\rho} \tag{3.5}$$

- 系内客数の分散

$$\mathrm{Var}[n] = \frac{\rho}{(1-\rho)^2} \tag{3.6}$$

- 系内の客数が $n(\geqq 0)$ である確率

$$p_n = \frac{1-\rho}{\rho^n} \tag{3.7}$$

- 平均バッファ内客数

$$E[n_q] = \frac{\rho^2}{1-\rho} \tag{3.8}$$

- バッファ内客数の分散

$$\mathrm{Var}[n_q] = \frac{\rho^2(1+\rho-\rho^2)}{(1-\rho)^2} \tag{3.9}$$

- 平均系内時間

$$E[w] = \rho\,\frac{1/\mu}{1-\rho} \tag{3.10}$$

- 系内時間の分散

$$\mathrm{Var}[w] = \frac{(2-\rho)\,\rho}{\mu^2\,(1-\rho)^2} \tag{3.11}$$

難しそうな式が並んでいますが，「何がわかるのか？」，「おおよそどういう形の式になるのか？」くらいを理解してもらえれば十分です．

ここで，「**系内客数**」とは，待ち行列内に存在する客（バッファで待っている客＋サービス中の客）の数を意味します．「バッファ内容数」は，待ち行列のバッファで待っている客の数を意味します．また，「**系内時間**」とは，客が待ち行列に到着してから，サービスを受けて出てゆくまでの時間（バッファで待つ時間＋サービスを受ける時間）を意味します．系内客数，バッファ内客数，系内時間，これらはすべて時々刻々と変化します．ある瞬間にたまたま多くの客が到着すれば，系内客数，バッファ内客数，系内時間，これらすべては増加します．一方，しばらくの間ほとんど客が到着しなければ，系内客数，バッファ内客数，系内時間，これらすべてが減少することになります．上の式は，時々刻々と変化する値そのものではなく，それらの平均や分散を表していることに注意してください．

客の到着間隔の分布と客のサービス時間の分布が，ともに式(3.2)の指数分布で与えられるという，一見複雑な待ち行列なのに，代表的な結果が，到着率 ρ やサービス率 μ の単純な式で与えられるというのが興味深いと思います．

次に，M/D/1 待ち行列の代表的な結果です [17, 18]．

M/D/1 待ち行列の代表的な結果

- 平均系内客数

$$E[n] = \rho + \frac{\rho^2}{2(1-\rho)} \tag{3.12}$$

- 系内客数の分散

$$\mathrm{Var}[n] = E[n] + \frac{\rho^3}{3(1-\rho)} + \frac{\rho^4}{4(1-\rho)^2} \tag{3.13}$$

- 系内の客数が $n(\geqq 0)$ である確率

$$p_n = \begin{cases} 1-\rho & \text{if } n=0 \\ (1-\rho)(e^{\rho}-1) & \text{if } n=1 \\ (1-\rho)\displaystyle\sum_{j=0}^{n} \frac{(-1)^{n-j}(j\rho)^{n-j-1}(j\rho_n - j)e^{j\rho}}{(n-j)!} & \text{otherwise} \end{cases} \tag{3.14}$$

- 平均バッファ内容数

$$E[n_q] = \frac{\rho^2}{2(1-\rho)} \tag{3.15}$$

- バッファ内容数の分散

$$\mathrm{Var}[n_q] = \rho^2 + \frac{\rho^2}{2(1-\rho)} + \frac{\rho^3}{3(1-\rho)} + \frac{\rho^4}{4(1-\rho)^2} \tag{3.16}$$

- 平均系内時間

$$E[w] = \rho\,\frac{1/\mu}{2(1-\rho)} \tag{3.17}$$

- 系内時間の分散

$$\mathrm{Var}[w] = \rho\frac{(1/\mu)^2}{3(1-\rho)} + \rho^2\frac{(1/\mu)^2}{4(1-\rho)^2} \tag{3.18}$$

M/M/1 待ち行列の場合と比較して，M/D/1 待ち行列の場合のほうが全体的に式が複雑ですね．これは前半で説明したように，「M/M/1 待ち行列が最も基本的な（単純な）待ち行列である」ことに起因しています．

M/M/1 待ち行列と M/D/1 待ち行列の代表的な結果を比較すると，「M/M/1 待ち行列よりも，M/D/1 待ち行列のほうが良い特性を示している」ことがわかります．平均系内容数や，系内容数の分散，平均バッファ内容数，バッファ内容数の分散，平均系内時間，系内時間の分散などは，すべて「値が小さいほうが望ましい」指標です．M/D/1 待ち行列におけるこれらの指標は，M/M/1 待ち行列のものよりも小さな値になっています．

スイッチを待ち行列とみなした時に，「パケットがスイッチに到着してから，パケットが次のスイッチもしくはホストに送信されるまでの時間」に相当するのが「平均系内時間」です．さきほど，各スイッチはそれぞれのパケットに対して，

① パケットに記入されている宛先ホストの名前を取り出す
② パケットの宛先ホストにより近いと思われる方向を判断する
③ パケットを次のスイッチもしくはホストに送信する

という処理を行うこと，また，これらの中で特に時間がかかるのは③の処理であることを説明しました．

例えば，M/M/1 待ち行列の平均系内時間は

$$E[w] = \rho \frac{1/\mu}{1-\rho} \tag{3.19}$$

ですが，M/D/1 待ち行列の平均系内時間は

$$E[w] = \rho \frac{1/\mu}{2(1-\rho)} \tag{3.20}$$

です．M/D/1 待ち行列の平均系内時間の分母に 2 が掛かっていることから，M/D/1 待ち行列の平均系内時間は，M/M/1 待ち行列の平均系内時間の半分であることがわかります．つまり，たとえ平均パケット長が 1,500 バイトであったとしても，すべてのパケットが等しく 1,500 バイトの場合と，パケットの大きさが（平均は 1,500 バイトだが）バラバラの場合を比較すると，平均系内時間が 2 倍も異なる，ということを意味しています．

紙面の都合上，なぜそうなるかの説明は省略しますが，

M/D/1 待ち行列は，「M/なんとか/1 待ち行列」の中で最小の平均系内時間を持つ

ことがわかっています．

疑問 3 に答える準備ができました．前述のように，インターネットを高速化するために，ホスト，スイッチ，リンクそれぞれにおいてさまざまな工夫が行われています．本章で取り上げた，インターネットの通信方式（パケット交換方式）におけるスイッチの「速さ」の理由に焦点を当てると，疑問 3 は以下のように答えることができます．

疑問 3：インターネットはなぜ高速なのか？
答　え：パケットが固定長に近いため，スイッチにおける処理時間が小さく抑えられるから．

疑問 4
インターネットをさらに高速化する方法は？

1 章から 3 章まで，インターネットの品質や，インターネットのパケット転送が「速い」理由について説明してきました．インターネットが採用しているパケット交換方式は，回線交換方式と比較すると品質の悪い通信方式であること（2 章）や，インターネットではパケットが固定長に近いため，スイッチにおける処理時間が小さく抑えられること（3 章）を説明しました．

現在のインターネットを使えばかなり高速な通信が可能ですが，どうすればインターネットをさらに高速にできるでしょうか？　まえがきで紹介したように，インターネットが生まれてから 50 年ほどが経ちました．インターネットが生まれた頃の通信速度は数百ビット/秒程度でした．現在は（通信環境にもよりますが）数十から数百メガビット/秒の高速な通信が可能です．1 メガビットは百万（$=10^6$）ビットですから，インターネットの通信速度は「数十年で百万倍」になったということを意味します．百万倍ですよ，百万倍．すごい技術革新ですね．これほど急速に高速化が進んできたインターネットですが，これ以上の高速化は可能なのでしょうか？

3章でも述べたように，コンピュータネットワークはさまざまな要素技術を組み合わせることによって実現されています．このため，インターネットをさらに高速化するためには，どこか一箇所だけではなく，全体をバランス良く改良する必要があります．

例えば，インターネットの通信速度を，現在の十倍に高速化するためには，ホスト，スイッチ，リンクすべてが十倍に高速に動作しなければなりません．ホストだけ高速化しても，全体の通信速度はスイッチやリンクによって制限されてしまうため，インターネット全体は高速化されません．同様に，スイッチだけを高速化しても，全体の通信速度はホストやリンクによって制限されてしまうため，やはりインターネット全体は高速化されません．

本章では，インターネットを構成している個々の要素技術それぞれについて議論するというミクロなアプローチではなく，インターネット全体を巨大な単一のシステムと考えて議論するというマクロなアプローチで疑問4「インターネットをさらに高速化する方法は？」に答えます．インターネットを構成するホスト，スイッチ，リンクそれぞれについて詳細に検討し，現在よりもさらに高速化するにはどうすればよいかを議論するというのも一つの方法です．

ただし，現在のインターネットは非常に複雑なので，限られた紙面で，個々の要素技術の概要や高速化の手法を取り上げるのは容易ではありません．また，個々の要素技術に立ち入ってしまうと，インターネット全体をどうすればさらに高速化できるか，という観点が逆にわかりづらくなってしまいます．そこで以下では，インターネット全体を少し離れて眺めることで，疑問4に答えてみます．

4.1 待ち行列理論再び

インターネットをどうすればさらに高速化できるかを考える上で役に立つのが，3 章で紹介した待ち行列理論です．待ち行列理論とは，さまざまな「順番待ちの行列ができるような状況」を数学的に分析するための理論でした．

3 章では，インターネット中のそれぞれのスイッチを待ち行列とみなし，インターネットにおけるパケット転送がなぜ高速なのかを説明しました．インターネットのスイッチに注目すると，それぞれのスイッチを待ち行列とみなすことができ，スイッチに到着するパケットを「客」，スイッチに到着したパケットがスイッチから出てゆくことを「サービス」とみなすことができる，という話でした．インターネット中のスイッチは「まさに待ち行列そのもの」なので，待ち行列理論を用いてインターネットの特性を分析できるということを説明しました．

待ち行列理論の素晴しいところは，「順番待ちの行列ができるような状況」であれば，一見すると待ち行列に見えないようなものに対しても適用できるところにあります．インターネット中のスイッチは「待ち行列そのもの」です．しかし，一見して待ち行列に見えないものであっても，順番待ちの行列ができるようなものであれば待ち行列理論を適用することができます．例えば，**図 4.1** のように，3 章で紹介した待ち行列を，直列につないだもの，並列につないだもの，複雑につないだもの，これらもすべて待ち行列の一種と考えることができます．

以下では，インターネット全体を巨大な単一のシステムと考えて，「リトルの法則」と呼ばれる，待ち行列理論における代表的な法則を当てはめて考えます．

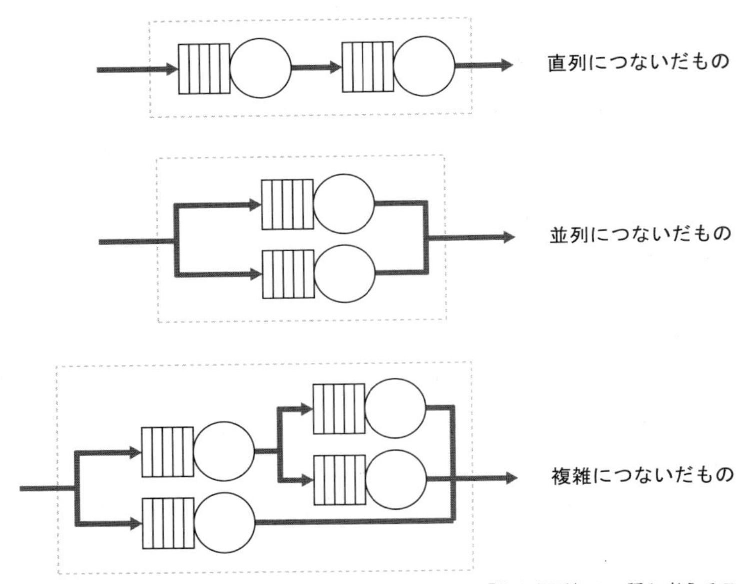

図 4.1　複雑な待ち行列——待ち行列をつないだものも「待ち行列」の一種と考えることができる．

インターネットは，多数のコンピュータネットワークが相互接続された，超大規模のコンピュータネットワークです．素朴に考えると，インターネットは無数の待ち行列がきわめて複雑に接続された複雑システムに見えます．そういった見方もこれはこれで正しいのですが，ここではインターネット全体を単一の待ち行列と考えます．インターネットが単一の待ち行列にはとても見えませんが，目を細めて，序章の図（→3ページ）をぼんやりと眺めてみてください．メガネをかけている方でしたら，メガネを外してぼんやりと眺めてみると，一つのモヤっとしたかたまりに見えてこないでしょうか？

このように順番待ちの行列ができるようなものであれば，待ち行列理論を適用することができます．したがって，インターネット全体を巨大な単一のシステムと考えれば，やはり待ち行列理論を適用することができるのです．

4.2 リトルの法則

「**リトルの法則** (Little's Law)」とは，待ち行列理論において，最も広く利用されている法則の一つです [8, 17, 18, 23]．文献によっては，「リトルの定理」や「リトルの公式」などとも呼ばれています．リトルの法則は，オペレーションズリサーチの研究者である，ジョン・リトル (John Little) によって見い出された法則です．

待ち行列理論はオペレーションズリサーチの一分野ですが，オペレーションズリサーチ自体は第二次世界大戦（1939 年〜1945 年）をきっかけに活発に研究されるようになりました．そのため，待ち行列理論も，本格的に研究されるようになってから 70 年ほどになります．ちょうどコンピュータと同じくらいの新しい学問です．また同時に，コンピュータと同じくらい古い学問であるともいえます．そのため，3 章で紹介した M/M/1 待ち行列や M/D/1 待ち行列のような単純な待ち行列だけでなく，もっと複雑な待ち行列の特性がいろいろ明らかになっています．リトルの法則は，待ち行列理論によって明らかになった多数の知見の中で，最も有名で，なおかつ最も広く利用されているものの一つです．

リトルの法則とは，ある待ち行列において，平均系内客数 N，客の到着率 λ，平均系内時間 T に以下のような単純な関係が成り立つというものです（**図 4.2**）．

$$N = \lambda T \tag{4.1}$$

系内客数とは，待ち行列内に存在する客（バッファで待っている客 + サービス中の客）の数でした．系内時間とは，客が待ち行列

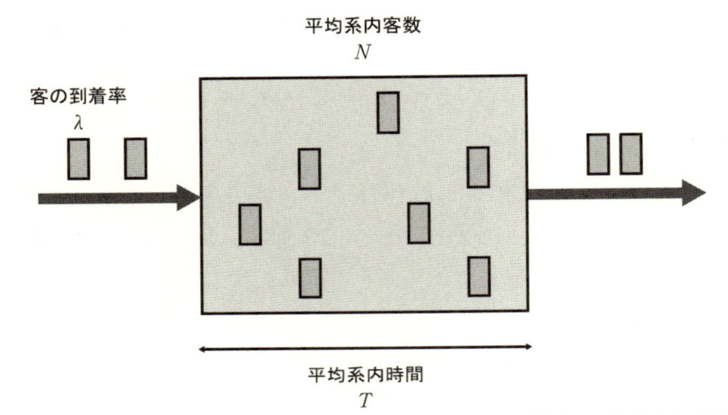

図 4.2　リトルの法則——$N = \lambda T$. 平均系内客数 N, 客の到着率 λ, 平均系内時間 T の関係.

に到着してから，サービスを受けて出てゆくまでの時間（バッファで待つ時間 + サービスを受ける時間）でした．N と T はそれぞれ「平均」系内客数と「平均」系内時間なので，「系内客数」と「系内時間」の時間平均（十分に長い時間観測した時の系内客数や系内時間の平均）です．客の到着率とは，単位時間あたりに平均して到着する客の数でした．

リトルの法則は，客の到着とサービス完了が均衡していれば，どんな待ち行列（さらにはその待ち行列の一部）に対しても適用できるという素晴しい性質を持っています．リトルの法則は，待ち行列に到着する客の数が，待ち行列から（サービスを受けて）出てゆく客の数と等しければ，どんな待ち行列に対しても当てはまります．「(客の到着とサービス完了が均衡しているなら）どんな待ち行列に対しても当てはまる」というのがポイントです．

客の到着とサービス完了が均衡しているというのは，

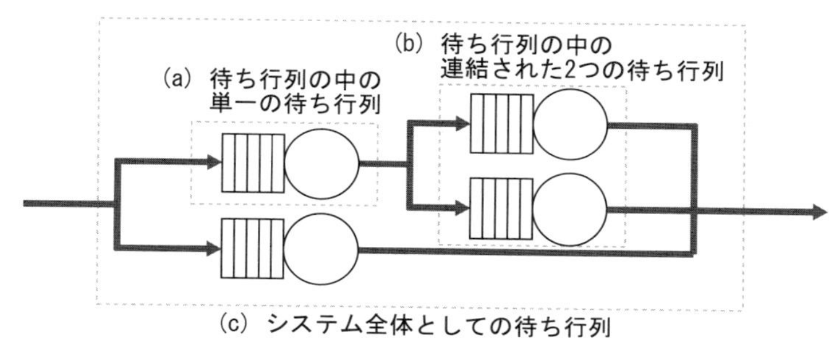

図 4.3　さまざまなリトルの法則の適用例――複雑な待ち行列や，その部分に対してもリトルの法則が成立する．

① 客が待ち行列の中で新しく生まれることはない
② 客が待ち行列の中で消えることはない
③ 客の到着率やサービス時間は安定している（増え続けたり，減り続けたりしない）

ということを意味しています．さらに驚くべきことに，リトルの法則は待ち行列の部分に対しても適用できます．つまり，ある待ち行列をバラバラに分解して考えると，バラバラになったそれぞれの部分に対してもリトルの法則が成り立つのです．

例えば，**図 4.3** のような，複数の待ち行列によって構成される複雑なシステムであっても，その中の単一の待ち行列（図 4.3 (a)）に対しても，その中の連結された 2 つの待ち行列（図 4.3 (b)）に対しても，さらには，システム全体（図 4.3 (c)）に対してもリトルの法則が成り立ちます．

待ち行列理論では，単純な待ち行列から複雑な待ち行列まで，さまざまな待ち行列の特性が明らかにされてきました．ただし，それらの結果の大部分は，どのような待ち行列に対しても成り立つ，というものではなく，ある特定の条件を満たした待ち行列に対してのみ成り立つ，というものです．例えば，M/M/1 待ち行列のさまざまな結果（3 章）は，客の到着分布の分布が指数分布で，サービス時間の分布も指数分布で，バッファの大きさは無限大で……のように，さまざまな条件が満たされる時に限って使うことができます．M/M/1 待ち行列はまだ条件が少ないほうで，一般には，もっと多くの条件を満たさないと待ち行列理論の結果を使うことができません．このような中で，リトルの法則はわずかな条件さえ満たせば適用することが可能であり，そのためさまざまな場面で利用することができます．

4.3 リトルの法則が意味すること：日常生活編

リトルの法則の有用性を実感してもらえるように，日常生活での一例（人気のレストランにおける**待ち時間推定**）を挙げて，リトルの法則がどのように役立つかを説明しましょう．そもそも待ち行列理論は，順番待ちの行列ができるようなさまざまな状況に応用できる理論でした．その中でもリトルの法則は，（客の到着とサービス完了が均衡しているなら）どんな待ち行列にも適用できるという，制約の少ない（万能とまではいかなくても，万能に近い）法則でした．当然，順番待ちの行列ができるような，さまざまな日常生活の場面においても役立ちます．

ある日，人気のレストランを訪れたとします．人気のレストランだけあって，順番待ちの列ができています．今から並んで，席に案内されるまでにどのくらい待たなければならないかは，どうすればわかるでしょうか？　待っている人が数人なら，それほど待たなくてもよいでしょう．逆に，待っている人が 10 人とか，それ以上なら，かなり待たなければならないかもしれません．しかし，待っている人が 30 人いたとしても，意外と早く席に案内されるかもしれません．

レストランにおける待ち時間を推定する，最も簡単な方法はレストランの店員に聞くという方法です．「今から並ぶと，大体どのくらい待つでしょうか？」と尋ねれば，「30 分くらいですかね」とか，「1 時間以上はかかると思います」などと答えてくれるでしょう．ただし，レストランの店員はデータや理論に基づいて推定しているのではなく，経験的に「大体これくらい」と答えていることがほとんどでしょう．中には，「15 分くらい」と答えて，実際の待ち時間が 30 分だとクレームがつくかもしれないので，余裕を持って長めに答えておこう，と考える店員もいるかもしれません．さらには，「わかりません」とか，「30 分以上はかかると思います（45 分？ 60 分？ 90 分？）」のような答えが返ってくるかもしれません．直感に頼ることなく，レストランにおける待ち時間を推定するにはどうすればよいでしょうか？

こういう時は，リトルの法則の出番です [8,24]．どのような待ち行列に適用するかによらず，リトルの法則を適用する場合には，

① システムのどの部分に対してリトルの法則を適用するかを決める
② その場合，客とサービスがそれぞれ何に対応するかを確認する
③ リトルの法則が適用できる条件（客の到着とサービス完了が均衡している）を満たしているかを確認する
④ リトルの法則 $N = \lambda T$ を当てはめる

という流れで考えます．特に，②と③は重要です．リトルの法則によらず，何らかの法則を適用する場合には，「何に対して法則を適用しているのか？」，「本当にその法則を適用できるのか？」を慎重

に確認する習慣をつけてください．

では，具体的にレストランにおける待ち時間推定の場合を考えてみましょう．

(1) システムのどの部分に対してリトルの法則を適用するかを決める

複数のパターンが考えられますが，ここでは，「人がレストランに到着してから，自分の順番を待って，順番が来て席に案内されるまで」を一つの待ち行列だと考えます[1]．つまり，レストランにおいて，席に案内されるのを待っている人がいる場所の近辺を待ち行列として考えます．入口付近に順番待ちの場所があるのかもしれませんし，レストランの入口から外までずっと人が並んでいるのかもしれません．いずれにせよ，順番待ちが始まって，順番が来て席に案内されるまでを待ち行列だと考えます．

(2) その場合，客とサービスがそれぞれ何に対応するかを確認する

これも複数のパターンが考えられますが，ここでは，店に入店する一人ひとりを「客」と考え，客の順番が来てから（客が待ちリストの先頭になってから）実際に席に案内されるまでを「サービス」と考えます[2]．

「順番待ちを始めてから，順番が来て席に案内されるまで」がサービスではなく，「自分より前に待っている人がいなくなってか

---

[1] 他のパターンとして，例えば，レストラン全体（順番待ちをして，席に案内されて，メニューから料理を選んで，料理の提供を待って，食事をして，必要に応じてトイレにも行って，レジまで戻って，会計を済ませて店から出るまで）を待ち行列と考えることもできます．

[2] 他のパターンとして，複数人でまとまったグループを一つの「客」と考えることもできます．個人で来店したならその個人が一つの「客」，5人家族で来店したならその5人をまとめて一つの「客」と考えるという方法です．

ら，実際に席に案内されるまで」がサービスであることに注意してください．

上記の(1)のように待ち行列を定めたことを忘れて，「レストランで受けているサービスは何だろう？」と素朴に考えてしまうと間違えてしまいますので注意してください．「自分の順番が来たら名前を呼んでもらう」，「食事を運んできてもらう」，「食べ終わった頃にデザートを持ってきてもらう」などは，すべてレストランが客に対して提供する「サービス」ではあります．ただし，ここでは待ち行列を(1)のように定めた時の，「客」と「サービス」が何かを考えています．「一般論として，レストランにおけるサービスは何か？」を考えているのではないことに注意してください．

(3) リトルの法則が適用できる条件（客の到着とサービス完了が均衡している）を満たしているかを確認する

客の到着（客が店に入店すること）と，サービス完了（順番待ちの先頭になってから席に案内されること）が均衡していて，リトルの法則が適用できることを確認します．客の到着とサービス完了が均衡しているというのは，

① 客が待ち行列の中で新しく生まれることはない
② 客が待ち行列の中で消えることはない
③ 客の到着率やサービス時間は安定している（増え続けたり，減り続けたりしない）

ということを意味しているのでした．ここでは「人がレストランに到着してから，自分の順番を待って，順番が来て席に案内されるまで」を一つの待ち行列と考えています．

上記の①～③は，それぞれ

① 順番待ちをしている客が（新しい客が到着していないのに）突然増えることはない
② 順番待ちをしている客が消えることはない
③ 客の到着率やサービス時間（順番待ちの先頭になってから席に案内されるまでの時間）が安定している

に対応します．①は普通起こらないでしょうし，②も数は少ないので無視できると考えてよいでしょう．ただし③には注意が必要です．レストランの開店直後や，ランチタイムが始まる時間の前後など，客がどっと殺到するような状況ではリトルの法則が適用できません．客の到着率やサービス時間が安定していることを必ず確認してください．

(4) リトルの法則 $N = \lambda T$ を当てはめる

ようやくリトルの法則を当てはめる準備ができました．今知りたいのは，席に案内されるまでの待ち時間 T です．リトルの法則（式(4.1)）を変形することにより，席に案内されるまでの待ち時間 T は，

$$T = \frac{N}{\lambda} \tag{4.2}$$

で求まることがわかります．つまり，平均系内客数 N と客の到着率 λ がわかれば，平均系内時間 T がわかります．リトルの法則は，平均系内客数 N，客の到着率 λ，平均系内時間 T の関係を表していますので，N，λ，T のうちどれか 2 つがわかれば，リトルの法則によって残りの 1 つがわかるのです．

例えば，店に到着した時に待っている人（=客）が 27 人，人（=客）の到着率が 1.2 人/分だったとすれば，席に案内されるまでの待ち時間は

$$T = \frac{N}{\lambda} \simeq \frac{27\,[\text{人}]}{1.2\,[\text{人}/\text{分}]} = 22.5\,[\text{分}] \tag{4.3}$$

のように推測することができます．

ただし，リトルの法則に必要となるのは，ある瞬間における系内客数ではなく，「平均」系内客数であることに注意が必要です．上記の例では，系内客数はそれほど大きく変動しないだろう，との考えのもと，店に到着した時に待っている人の数で，平均系内客数を推定しています．

客の到着率は，5 分とか 10 分くらいの間に，レストランに何人くらい客が訪れるかを数えることによって推定することができます．もちろん，5 分や 10 分程度では，正確に客の到着率を求めることはできませんが，レストランにおける待ち時間を推定するという目的であれば，この程度の大ざっぱな推定値でも十分役に立つでしょう．

4.4　リトルの法則が意味すること：インターネット編

さて，それではリトルの法則を使って，本章の疑問 4「インターネットをさらに高速化する方法は？」に答えましょう．

さきほどの，レストランにおける待ち時間推定と同じように，

① システムのどの部分に対してリトルの法則を適用するかを決める
② その場合，客とサービスがそれぞれ何に対応するかを確認する
③ リトルの法則が適用できる条件（客の到着とサービス完了が均衡している）を満たしているかを確認する
④ リトルの法則 $N = \lambda T$ を当てはめる

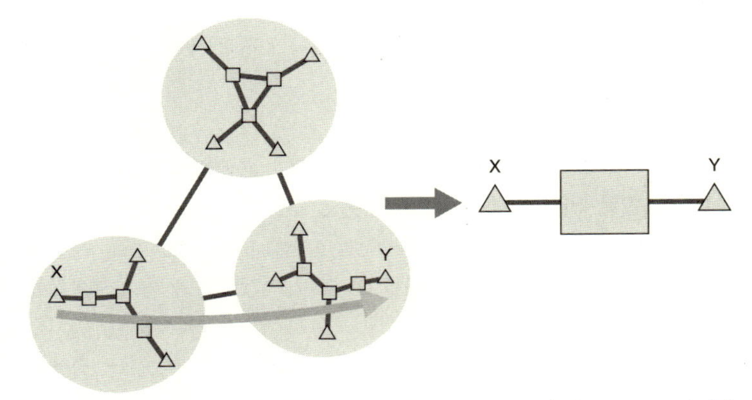

図 4.4　待ち行列によるインターネット全体のモデル化——送信元ホスト X から宛先ホスト Y までを巨大な一つの待ち行列とみなす.

という流れで考えてゆきます.

(1) システムのどの部分に対してリトルの法則を適用するかを決める

ここでは,「インターネット（全体）をさらに高速化する方法」と考えて, インターネット全体を巨大な一つの待ち行列と考えます（**図 4.4**）[8]. インターネットは, 巨大な「コンピュータネットワークのネットワーク」ですが, インターネット全体を一つのシステムとみなします.

ある送信元ホスト X と, ある宛先ホスト Y の間の情報転送を考えます. 送信元ホスト X が何らかの情報を送り出してから, 宛先ホスト Y にその情報が届くまでを一つのかたまりとして考えます. インターネットには, 送信元ホスト X や宛先ホスト Y 以外にも, 膨大な数のホストが接続されていますが, 送信元ホストと宛先ホスト Y から見たインターネットを一つの待ち行列と考えます.

(2) その場合，客とサービスがそれぞれ何に対応するかを確認する

複数のパターンが考えられますが，ここでは，1 章〜3 章までの議論をふまえて，送信元ホスト X から宛先ホスト Y に向けて送信されたパケットを「客」に対応させて考えます．また，送信元ホスト X から宛先ホスト Y へのパケット転送を「サービス」に対応させて考えます．つまり，送信元ホスト X から送信されたパケット（＝客）が，巨大な一つの待ち行列としてのインターネットに到着します．待ち行列としてのインターネットは，到着したパケット（＝客）を順番に処理し，最終的に宛先ホスト Y に配送します．送信元ホスト X から到着したパケットを，宛先ホスト Y に配送することを「サービス」と考えます．

さきほどの，レストランにおける待ち時間推定のところでも説明したように，「一般論として，インターネットにおける客は何か？」や，「一般論として，インターネットにおけるサービスは何か？」を考えているのではないことに注意してください．あくまで，(1) のように，インターネット全体を巨大な一つの待ち行列と考えた時の「客」や「サービス」を考えています．

(3) リトルの法則が適用できる条件（客の到着とサービス完了が均衡している）を満たしているかを確認する

客の到着とサービス完了が均衡しているというのは

① 客が待ち行列の中で新しく生まれることはない
② 客が待ち行列の中で消えることはない
③ 客の到着率やサービス時間は安定している（増え続けたり，減り続けたりしない）

ということを意味していました．上記の①〜③は，それぞれ

① 送信元ホスト X から宛先ホスト Y に向かうパケットがインターネット中で新しく生まれることはない
② 送信元ホスト X から宛先ホスト Y に向かうパケットがインターネット中で消えることはない
③ 送信元ホスト X からのパケット送信レートや，パケットが宛先ホスト Y に配送されるまでの時間は安定している（増え続けたり，減り続けたりしない）

に対応します．特殊な状況（宛先ホスト Y が攻撃を受けている等 [25]）を除き，通常①は成り立っています．しかし，②と③は，状況によって成り立っていたり，成り立っていなかったりします [26-29].

ここではインターネットをさらに高速化する方法を考えているのでした．そこで，送信元ホスト X から宛先ホスト Y まで，インターネットの通信速度の限界でパケットを転送している状況を考えます．この状況では，客の到着（送信元ホスト X からインターネットへのパケット流入）とサービス完了（インターネットから宛先ホスト Y へのパケット転送）は均衡していると考えてもよいでしょう．インターネットの通信速度の限界は超えていないことから，②送信元ホスト X から宛先ホスト Y に向かうパケットがインターネット中で廃棄されないとみなします．また，一定の速度でパケットを転送していることから，③送信元ホスト X からのパケット送信レートや，パケットが宛先ホスト Y に配送されるまでの時間は安定していると考えます．

(4) リトルの法則 $N = \lambda T$ を当てはめる

さて，ようやくリトルの法則をあてはめる準備ができました．

2章で説明したように，インターネットを「高速」にするというのは，「遅延時間」を小さくするという意味と，「スループット」を大きくするという意味の2種類があります．ここでは通信速度について考えていますから，疑問4「インターネットをさらに高速化する方法は？」は，「どのようにすればインターネットのスループットを大きくできるか？」と言い替えることができます．

スループットの観点でインターネットを「高速」にするということは，客の到着率（単位時間あたりのインターネットへのパケット流入数）λ を増加させるということを意味します．今，送信元ホストXから宛先ホストYまで，インターネットの通信速度の限界でパケットを転送している状況を考えているのでした．さらに，客の到着とサービス完了が均衡している状況なので，客の到着率（送信元ホストXからインターネットへのパケット送信レート）λ を増加させることは，宛先ホストYへのパケット到着レートを増加させることを意味します．

リトルの法則より，

$$\lambda = \frac{N}{T} \tag{4.4}$$

が成り立ちます．したがって，インターネットを高速にする（λ を大きくする）ためには，平均系内時間 T を小さくする，もしくは平均系内客数 N を大きくする，という必要があることがわかります．一見すると当たり前のようにも聞こえますが，実際はそれほど当たり前ではありません．

リトルの法則は，インターネットの（送信元ホストXと宛先ホストY間の）通信速度 λ は，平均系内客容数 N に比例し，平均系内時間 T に反比例する，ということを意味しています．このため例えば，（平均系内時間 T を変化させずに）平均系内客数 N を2倍にすれば，インターネットの通信速度は1.5倍でも，3倍でも，4倍でもなく2倍になります．また，インターネットを高速にする方法は，平均系内時間Tを小さくするか，平均系内客数Nを大きくするのどちらかしかない（他の方法は存在しない）ことも意味しています．

インターネット全体を待ち行列とみなした時に，平均系内時間Tを小さくするためには，スイッチやリンクにおける待ち時間を小さくする必要がありますが，これは容易なことではありません．送信元ホストXおよび宛先ホストYから見たインターネットはスイッチとリンクで構成されています．リンクは，実際には例えば有線ケーブル（光ファイバケーブルや同軸ケーブル，より対線ケーブル）です．リンクにおける待ち時間は，基本的に光の速度（光ファイバの場合）や電気の速度（同軸ケーブル，より対線ケーブルの場合）で決まります．つまり，リンクにおける待ち時間は物理的な特性によって決定されるため，工夫の余地があまりないのです．

一方，スイッチにおける待ち時間は，リンクにおける待ち時間と比較するとまだ多少は工夫の余地はあります [30, 31]．インターネットはパケット交換方式を採用していますので，スイッチの動作は，

① 到着したパケットをバッファに格納する
② パケットに記入されている宛先ホストの名前を確認する
③ 「より近いと思われる方向」を判断する
④ その方向の出力リンクからパケットを送信する

という流れになります．①や④は，基本的にリンクの通信速度で決まります．例えば，リンクの通信速度が100メガビット/秒で，パケットの大きさが1,500バイトであれば，一つのパケットの送信も

しくは受信には，少なくとも

$$\frac{1{,}500\,[\text{バイト}]}{100\,[\text{メガビット/秒}]} = \frac{12{,}000\,[\text{ビット}]}{10^8\,[\text{ビット/秒}]} = 0.00012\,[\text{秒}] \qquad (4.5)$$

だけの時間がかかるからです．②と③については，スイッチの構成（ハードウェアなのか，ソフトウェアなのか等）や，スイッチが用いている計算アルゴリズムによって変化します．

インターネット全体を待ち行列とみなした時に，平均系内容数 N を大きくするためには，

① スイッチに収容できるパケット数を増やす
② リンクに収容できるパケット数を増やす

という 2 種類の方法がありますが，現在は主に②の方向でインターネット高速化の研究開発が進められています [32–35]．スイッチに収容できるパケット数を増やすこと自体は難しくありません．

例えば，スイッチに大量のメモリを搭載すれば，スイッチが高価になってしまいますが，スイッチに収容できるパケット数を増やすことは可能です．ただし，式(4.4) からわかるように，インターネットを高速化するには，平均系内時間 T を増加**させず**に，平均系内容数 N を増加させる必要があります．例えば，スイッチのバッファを 2 倍にして，平均系内容数 N を 2 倍にできたとしても，平均系内時間 T がそれにともなって 2 倍になれば，結局，インターネットは高速化されないのです．

このため，リンクに収容できるパケット数を増やすというアプローチが最も有望といえます．上述のように，リンクは，実際には例えば有線ケーブル（光ファイバケーブルや同軸ケーブル，より対線ケーブル）です．リンクに収容できるパケット数を増やす素朴な方法は，ケーブルを 1 本だけ使うのではなく，複数のケーブルを

束ねて使うというものです [36]．ケーブルの本数を倍にすれば，収容できるパケット数が倍になるという単純なものではありませんが，いろいろと工夫の余地があります．ケーブルを 1 本だけ使う場合には，ケーブル内を伝送する光信号や電気信号の帯域を広げれば，リンクに収容できるパケット数を増やすことが可能になります．例えば，光ファイバケーブルの場合，単一波長の光信号だけを伝送するのではなく，複数波長の光信号を同時に伝送するという方式の研究開発も行われています [32, 37]．

疑問 4：インターネットをさらに高速化する方法は？
答　え：スイッチの低遅延化，スイッチやリンクの大容量化が必要．リンクの大容量化が最も有望．

疑問5

インターネットは混雑するとなぜ遅くなるのか？

普段からインターネットを利用している人なら，コンサート等のチケット販売サイトや，期間バーゲンセール時のショッピングサイトにつながらず，「インターネットが遅い！」とイライラした経験が一度はあると思います．通信環境にもよりますが，普段はインターネットを使っていても，それほど遅いとは感じないかもしれません．しかし例えば，人気の高いコンサートのチケットを購入するために，チケットの販売開始直後にチケット販売サイトにアクセスすると，ほとんどつながらないといったことがあります．

インターネットが遅いのは，「たくさんの利用者が，同時にインターネットにアクセスして混雑しているのだから仕方がない」と諦めているかもしれませんが，本当にインターネット利用者が多いこと（だけ）が原因なのでしょうか？

インターネットが，パケット交換方式と呼ばれる通信方式を採用していることは1章で説明しました．パケット交換方式の利点の一つに，ある一つのリンクを，複数の利用者が同時に利用できるという点がありました．ただし，これはパケット交換方式の欠点でもあり，インターネットを利用する人が増えると，一人あたりの通信速度が低く抑えられてしまいます．素朴に考えると，インターネットを一人で利用している時の通信速度を B［ビット/秒］とすれば，インターネットを N 人で利用している時の通信速度は

$$\frac{B}{N}\,[\text{ビット/秒}] \tag{5.1}$$

になるだろうと予想できます[1)]．利用者数が普段の 10 倍になった時に，通信速度が普段の 1/10 になるのなら，「まあ，インターネットはパケット交換方式なのだから仕方ない」と思えるでしょう．でも，本当に利用者数を N として，通信速度は $1/N$ になっているのでしょうか？　インターネットが混雑した時に，まったくといっていいほどつながらないのは，普段とは比較にならないくらい膨大な数の利用者がインターネットに同時にアクセスしているためなのでしょうか？

以下では，疑問 5「インターネットは混雑するとなぜ遅くなるのか？」を，インターネットの通信方式の観点から考えてみます．

5.1 インターネットの「混雑」とは

1 章で述べたように，インターネットはパケット交換方式と呼ばれる通信方式を用いており，インターネット上のホストやスイッチは，それぞれ自由なタイミングでパケットを送信することができます．パケット交換方式では，送信元ホストは，通信チャネルを確保せずに，いきなり最寄りのスイッチにパケットを送るのでした．

---

1) 正確には，ボトルネック（→ 3 章）となっているスイッチもしくはリンクの通信速度が B で，そのスイッチもしくはリンクを同時に利用している人の数が N になります．

このため，あるスイッチに一時的に多くのパケットが送信された場合は，そのスイッチが「**混雑**」し，すぐに転送できないパケットはスイッチのバッファで待たされることになります．一時的な混雑であれば，しばらくすれば解消されるかもしれません．しかし，大量のパケットがスイッチに送信され続ければ，スイッチのバッファがすぐに転送できないパケットであふれてしまい，**パケット損失**が発生してしまいます．スイッチの構成にもよりますが，多くのスイッチでは，スイッチのバッファが一杯になれば，それ以降に到着したパケットを単純に捨ててしまいます．

インターネットが混雑しているとは，インターネットを構成するスイッチ（の一部）が混雑しているということを意味します．多くの場合，大量のパケットが送信されると，あるリンクの通信容量が不足し，全体の通信速度は，パケットがこのリンクを通過する速度で制限されてしまいます．このようなリンクを「**ボトルネックリンク**」と呼びます．ボトルネックリンクにつながっているスイッチが混雑し，このスイッチのバッファにおいて**バッファあふれ**が発生する可能性があります．

インターネットが混雑すると，スイッチのバッファに大量のパケットが溜まった状態となり，

① パケット損失が頻繁に発生し，「可用性」が低下する（可用性に関する品質が劣化する）
② パケット転送の遅延時間増加してしまい，「遅延時間」が増加する（速度に関する品質が悪化する）
③ パケット損失が頻発する結果，「スループット」が低下する（速度に関する品質が悪化する）

という結果となります．③の“「スループット」が低下する”の理

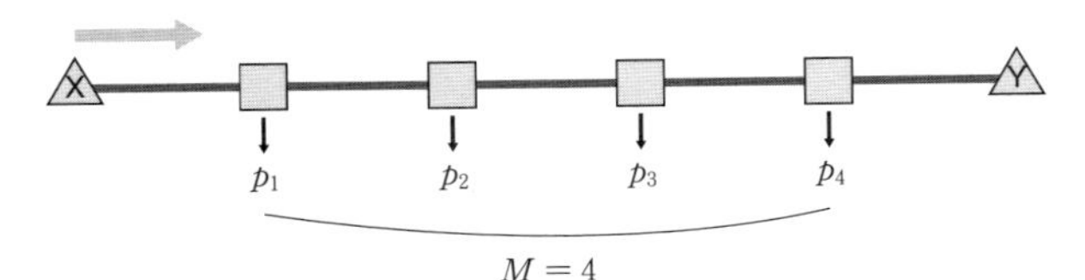

図 5.1　経路上の各スイッチにおけるパケット廃棄率（$M=4$ の場合）——送信元ホスト X から宛先ホスト Y までの経路上の i 番目のスイッチにおけるパケット廃棄率を p_i とする.

由には少し説明が必要でしょう.

送信元ホスト X から宛先ホスト Y までの経路を考えます（**図 5.1**）. 送信元ホスト X のパケット送信レートを r, 経路上のスイッチの台数を M とします.

経路上の i 番目のスイッチにおける**パケット廃棄率**を p_i とします. 簡単のため, それぞれのスイッチにおけるパケット廃棄は独立に発生するとします. この時, 送信元ホスト X から宛先ホスト Y までのスループット ρ は

$$\rho = r(1-p_1)(1-p_2)\ldots(1-p_M) = r\,\Pi_{i=1}^{M}(1-p_i) \tag{5.2}$$

となります[2]. 例えば, すべてのスイッチにおけるパケット廃棄率が等しく $p(=p_1=p_2=\cdots=p_M)$ であるとすれば,

$$\rho = r(1-p)^M \tag{5.3}$$

となります. パケット廃棄率 p が十分小さい時 $(p \leqq 1)$ は,

$$\rho \simeq r(1-Mp) \tag{5.4}$$

[2] Π は数列などの総乗（すべての項の積）を表す記号です（総和を表す記号 Σ の「乗算」バージョンです）. $\Pi_{i=1}^{N}a_i = a_1 \times a_2 \times \cdots \times a_N$ を意味します.

と近似することができます．これは，例えばパケット廃棄率が 3% であっても，パケット廃棄率が 3% のスイッチが経路上に 10 台あれば，スループットは送信レートの 97% ではなく，送信レートの約 70% になってしまう，ということを意味しています[3)]．

5.2 インターネットの通信プロトコル

これまでインターネットの通信方式であるパケット交換方式に焦点を当てて，インターネットに関するさまざまな疑問に答えてきました．しかし，パケット交換方式の原理からわかるように，パケット交換方式そのものには，コンピュータネットワークの「混雑」を防ぐような仕組みは入っていません．

1 章で説明したように，パケット交換方式とは，

① 送信元ホストが送りたい情報をパケットに分割し，自由なタイミングで最寄りのスイッチに送信する
② スイッチがパケットをバケツリレー形式で転送する
③ 宛先ホストが受信したパケットを結合する

というものでした．パケット交換方式がなければインターネットは機能しませんが，逆にパケット交換方式だけあってもインターネットは機能しません．

インターネットの通信方式の中心となるのはパケット交換方式

---

3) $1 - Mp = 1 - 3 \times 0.03 = 0.7$ より．これだけ低くなる理由を直感的に説明すると以下のようになります．送信元ホストから送信されたパケットが，宛先ホストに到着するためには，1 台目のスイッチで廃棄されず（少しの幸運），さらに 2 台目のスイッチでも廃棄されず（さらに少しの幸運），……そして M 台目のスイッチでも廃棄されない（最後まで幸運），という幸運の連続が起こる必要がありますが，こういう幸運の連続はそれほど高い頻度で起こらないからです．

ですが，インターネットにはそれ以外にもさまざまな**通信規約**（**通信プロトコル**）が定められています．「**通信方式**」とは，通信における一定の手順を意味します．「ああやって，こうやって，次にそうする」という手順のことです．一方，「通信プロトコル」は規約（ルール）を意味します．「ああでなければならない，こうでなければならない」という規約のことです．

通信方式は大ざっぱな手順のことで，通信プロトコルは細部にわたる詳細な約束ごとを意味します．このため，コンピュータネットワークAとコンピュータネットワークBが，どちらもパケット交換方式（通信方式）で動いているとしても，コンピュータネットワークAとコンピュータネットワークBが相互接続できるとは限りません．コンピュータネットワークAとコンピュータネットワークBが，どちらも同じ通信プロトコル（通信規約）を採用していれば，コンピュータネットワークAとコンピュータネットワークBを相互接続することが可能です．つまり，正確に言えば，「インターネットには，パケット交換方式の詳細を定めた通信プロトコルや，パケット交換方式以外のさまざまな通信手順を定めた通信プロトコルがある」ということです．

インターネットの通信プロトコルは，細々としたものまで含めると覚えきれないくらい多数存在しますが，特に代表的なものを以下で紹介します．

(1) IP（Internet Protocol）[11]

直訳すると「インターネット通信規約」．インターネットにおいて，パケット交換方式の通信手順を具体的に定めたものです．

インターネットにおける通信プロトコルは，**RFC**（Request For Comments）と呼ばれる技術文書として公開されています．IPは

RFC791（RFCの791番）で規定されています．RFC791は1981年3月に発行されました．RFC791には，送信元ホストおよび宛先ホストの名前（**アドレス**）やパケットの形式（フォーマット）が規定されています．パケットの形式とは，パケットのどの部分に，どのような情報を，どのような形式で書き込むかを定めたものです．

少し細かい話になりますが，RFC791ではパケットの**フラグメント化**（fragmentation）についても規定されています．インターネットとは，「コンピュータネットワークのコンピュータ」でした．コンピュータネットワークによって，転送できるパケットの大きさに違いがあるかもしれません．例えば，コンピュータネットワークAではパケットの大きさの上限が1,500バイトで，コンピュータネットワークBではパケットの大きさの上限が512バイト，ということがありえます．コンピュータネットワークAからコンピュータネットワークBにパケットを中継するためには，最大1,500バイトのパケットを，512バイト以下に抑えて転送する必要があります．そのためRFC791では，大きいパケットを，複数の小さいパケットに分割（フラグメント化）する方法も規定されています．

(2) TCP（Transmission Control Protocol）[38]

直訳すると「伝送制御通信規約」．TCPはRFC793で規定されています．RFC791と同じく，RFC793も1981年9月に発行されました．インターネットにおいて

① 混雑を避けるためにホストはどうすればいいか
② パケットが失なわれたらホストはどうすればいいか
③ パケットの順序が入れ替わったらホストはどうすればいいか
④ 宛先ホストでパケットの取りこぼしを防ぐにはどうすればいいか

などを定めた通信プロトコルです．

一般に，「インターネットの通信プロトコルはTCP/IPである」といわれます．TCP/IPとは，伝送制御プロトコルであるTCPと，インターネットプロトコルであるIPをまとめた表現です．インターネットには，IPやTCP以外にも数多くのプロトコルが定められていますが，それらの中でもIPとTCPは特に重要なプロトコルであるといえます．

みなさんがインターネット上でWebページを閲覧したり，メールを送受信したりする時には，IPとTCPの両方を使って通信しています．インターネットには数多くの通信プロトコルが規定されていますが，これらの通信プロトコルは，通常，複数を組み合わせて使用されます．「**TCP/IP**」という名称から，「TCPまたはIP」の意味だと思ってしまうかもしれませんが，「TCPおよびIP」という意味です．ややこしいのですが，英語の/（スラッシュ）には，「A/B」と書いた場合，「AまたはB」という意味と，「AおよびB」という意味と，「AまたはBまたは両方」という意味があります．TCP/IPの場合は，「TCPおよびIP」という意味で使われています．

(3) OSPF（Open Shortest-Path First）[39]

直訳すると「オープンな最短経路第一」[4]．OSPFは，RFC 2328で規定されています．インターネットにおいて，それぞれのスイッ

---

[4] IPは「インターネット通信規約」，TCPは「伝送制御通信規約」で，日本語を見れば何となく意味がイメージできますが，OSPFの「オープンな最短経路第一」は何のことかよくわかりませんね．最短経路第一（Shortest Path First）というのは，複数の経路が存在する場合には，「短い経路を第一に選ぶ」ということを意味しています．また，通信規約がパブリックドメイン（public domain）（特許・著作権で保護されず，誰でも利用できる状態）であることから「オープン」と名付けられたようです[40]．

チがどのように「より近いと思われる方向」を判断するか（「**経路制御**」や「**ルーティング**（routing＝道を決めること）」と呼ばれます）を定めたプロトコルの一種です．

パケット交換方式では，パケットを受信したスイッチは，そのパケットを「より近いと思われる方向に」送るのでした（→1章）．パケット交換方式そのものには，「より近いと思われる方向」を判断するための仕組みは入っていません．各スイッチが「より近いと思われる方向」を判断するための手順は「経路制御方式」と呼ばれます．インターネットには複数の経路制御方式が存在し，これらの経路制御方式を用いて「より近いと思われる方向」を判断するようになっています．

1章で説明したように，パケット交換方式には，回線交換方式のようにネットワーク全体を管理する中央制御装置は存在しません．それぞれのスイッチが，「より近いと思われる方向」を判断するためには，何らかの方法で判断のための情報を得る必要があります．中央制御装置があれば，中央制御装置に問い合わせて教えてもらえばよいのですが，中央制御装置がないため，それぞれのスイッチが自律分散的な方法で情報を得る必要があります．

OSPFの動作をごく簡単に説明すると以下の通りです．

① それぞれのスイッチが，自分が知っている近所の状況（どんなリンクがあるか）を，隣接するスイッチと情報交換する
② 情報を受け取ったスイッチは，もともと自分が知っていた情報に，受け取った情報を追加して，さらに隣接するスイッチと情報交換する
③ このような手順を繰り返せば，最終的にすべてのスイッチが，ネットワーク全体の状況を知ることができる

④ ネットワーク全体の状況を知ることができれば，送信元ホスト～宛先ホストの最も良い（例えば，距離が最も短い）経路を選ぶことができる

インターネットにおけるルーティングには，「スイッチやリンクが途中で故障したらどうなるのか」や，「こんな単純な方法で規模の大きいコンピュータネットワークの経路制御ができるのか」など，いろいろと面白い話題があります．ただ，紙面の都合上，ルーティングの詳細については通信方式や通信プロトコルの専門書（例えば [5,12,41,42]）を参照してください．

(4) ICMP（Internet Control Message Protocol）[43]

直訳すると「インターネット制御通報通信規約」．ICMP は，RFC 792 で規定されています．RFC791 と RFC793 の間にある RFC792 も 1981 年 9 月に発行されました．インターネットにおける情報転送そのものではなく，情報転送のために必要となる制御情報や管理情報の交換手順を定めた通信プロトコルです．

2 章で説明したように，インターネットの通信方式であるパケット交換方式は，従来の回線交換方式と比較すると品質の悪い通信方式です．送信元ホストから送信したパケットは，運が悪ければ宛先ホストに届かないかもしれません．逆に言えば，インターネットでは，「パケットが宛先に届かないことがあるのが正常」とも言えます．インターネットに何か異常があった時にパケットが届かないのではなく，インターネットに何も異常がなくても届かないこともありえます．したがって，インターネットを利用する場合には，パケットが宛先に届かないことがあることを前提としなければなりません．

ICMP は，インターネットにおけるパケット中継に何か問題があ

った時に，その問題を送信元ホストに通知するための仕組みを定めています．例えば，パケットを宛先ホストに届けられなかったことを通知する制御メッセージや，パケットの配送に時間がかかりすぎて期限切れになったことを通知する制御メッセージ，スイッチが混雑していることを通知する制御メッセージ，スイッチの動作確認のための制御メッセージ等が規定されています．

疑問5「インターネットは混雑するとなぜ遅くなるのか？」に答える上で，鍵となるのは(2)のTCPです．以下では，TCPの**輻輳制御機構**（インターネットの混雑を回避・解消するための仕組み）について説明します．

5.3 TCPの輻輳制御

輻輳(ふくそう)(congestion)とは，コンピュータネットワークにおいてトラヒックが特定の箇所に集中し，通信速度が低下するという現象を意味します[10]．「輻輳」自体はコンピュータネットワークに固有の概念ではなく，日常生活でも見られる一般的なものです．例えば，平日の通勤時間帯（ラッシュアワー）に都心の道路が渋滞するというのも一種の輻輳です．交差点や合流レーンに流入する車の数が多すぎて，車の流れが著しく低下するという現象です．他にも，大規模な会場で開催されていたコンサート等のイベント終了後に，会場の出口に人が殺到してほとんど動かなくなるというのも一種の輻輳です．出口に流入する人の数が多すぎて，人の流れが著しく低下するという現象です．

TCPは，インターネットにおいて発生する輻輳に対処するための機能（輻輳制御機構）を持っています．TCPそのものはRFC793で規定されていますが，TCPの輻輳制御機構はRFC5681[44]で規定されています．

ごく簡単に言えば，TCPの輻輳制御機構は，送信元ホスト〜宛先ホスト間のネットワークの**利用可能帯域**（available bandwidth）に応じて，送信元ホストから送信するパケット量を調整するというものです[45]．コンピュータネットワークでは，送信元ホスト〜宛先ホストの経路上で，ボトルネックとなっている箇所の速度によって通信速度が決まります（→3章）．「利用可能帯域」とは，リンクの帯域のうち，現在利用することができる帯域のことを指します．例えば，帯域が100メガビット/秒のリンクにおいて，現在70メガビット/秒が何らかの通信に使用されていれば，利用可能帯域は30メガビット/秒となります．TCPの輻輳制御機構は，送信元ホストから送信するパケットの送信レートが，送信元ホスト〜宛先ホスト間のネットワークの利用可能帯域と等しくなることを目指します．

これにより，送信元ホスト〜宛先ホストの経路上のスイッチにおける**バッファあふれ**を防ぎ，ネットワーク資源の有効利用を図ります．送信元ホストが，利用可能帯域を超えて大量のパケットを送信してしまうと，超過分のパケットは途中のスイッチですべて捨てられてしまいます．このような状況では，

① 送信元ホストとパケットを廃棄したスイッチ間のネットワーク資源を無駄に浪費してしまう[5)]

② 大量のパケット損失が起こると，送信元ホストが廃棄されたパケットを再送し，最悪の場合「輻輳崩壊（congestion

---

5) 単に「リンクやスイッチを動かすのにかかった電気代がもったいない」というだけでなく，通信資源の無駄使いになります．これは，送信元ホストX〜宛先ホストY間で大量に過剰なパケットを送信した場合，それによって他の利用者が本来使えるはずであった利用可能帯域が目減りしてしまうからです．

collapse)[6]」が起こる

という問題があります．また逆に，送信元ホストが利用可能帯域を使い切れない程度の少しのパケットしか送信しなければ，せっかく帯域があるのに 100% 使われない，という状況になってしまいます．

このような目的を実現するため，TCP の輻輳制御機構は，「**ウィンドウフロー制御** (window-based flow control)」と呼ばれる手法によって，送信元ホストが**ラウンドトリップ時間** (round-trip time) 内に送信するパケット数[7]を調整します [12, 44, 47]．

ここで，ラウンドトリップ時間とは，送信元ホストと宛先ホストの往復旅行 (round trip) にかかる時間です．つまり，送信元ホスト X から送信したパケットが宛先ホスト Y に到着し，その直後に，宛先ホスト Y が返信したパケットが送信元ホスト X に到着するまでに要する時間です．ラウンドトリップ時間内に送信して良いパケット数を「**ウィンドウサイズ** (window size)」と呼びます．ウィンドウサイズを W パケットとします[8]．この時，送信元ホストは，ラウンドトリップ時間中に，最大 W 個のパケットをネットワーク

---

6) 「輻輳崩壊」とは，コンピュータネットワークが過度に輻輳した結果，ネットワークの利用可能帯域の大半が，ネットワーク中で廃棄されたパケットの再送に費され続けるという状態です [46]．大量のパケットが廃棄される→大量のパケットを再送する→再送パケットのせいで過度に輻輳する→大量のパケットが廃棄される→大量のパケットを再送する……という悪循環が繰り返される状態です．

7) 厳密には，TCP が調整するのは「セグメント (segment)」数です．TCP では，ひとかたまりの情報は「パケット」ではなく，(区切られたものの部分を意味する)「セグメント」と呼ばれます．「TCP セグメント ＝ TCP ヘッダ ＋ IP パケット」という関係です．本書では，わかりやすさを重視してパケットと呼びます．

8) 実際には，TCP のウィンドウサイズはパケット（セグメント）単位ではなくバイト単位です．

中に送信することができます．宛先ホストは，n 番目のパケットを正しく受信できた場合には，「n 番目のパケットは受信できたよ」ということを送信元ホストに知らせます[9]．

パケット交換方式なので，宛先ホストから送信元ホストへの通知も，もちろんパケットで伝えられます．この通知のことを「**確認応答**(acknowledgement)」や，acknowledgement を略して「**ACK**」と呼びます．このため，例えば，$W = 3$ の場合には，送信元ホストは 1，2，3 番目のパケットをネットワーク中に送信します．1，2，3 番目のパケットに対応する ACK が返ってくるまで（宛先ホストから通知されるまで）4 番目のパケットを送信することはできません．無事 1 番目のパケットに対応する ACK が返ってきたら，4 番目のパケットを送信します．2 番目のパケットに対応する ACK が返ってきたら，5 番目のパケットを送信する……という動作になります．

ここで話が少し横道にそれますが，ここまでの説明を読んで，疑問に思わなかったでしょうか？

> TCP の輻輳制御機構は，送信元ホスト～宛先ホスト間のネットワークの利用可能帯域に応じて，送信元ホストからのパケット送信レートを調整したい．そのために，TCP の輻輳制御機構は，ラウンドトリップ時間内に送信できるパケット数を調整する…….

素朴に考えれば，「送信元ホストからのパケット送信レートを調整したい」のであれば，「送信元ホストからの送信レートを調整する」

---

[9] 正確には，ACK は「n 番目のパケットまでは正しく受信できたよ」ということを意味しています．例えば，宛先ホストが 1，2，3，5 番目のパケットを受信した場合には，1，2，3，3 という ACK を送信元ホストに返送します．

となるのが普通でしょう．利用可能帯域が 30 メガビット/秒なのであれば，パケット送信レートを 30 メガビット/秒に調整するのが自然に思えます．少し考えるとわかりますが，ウィンドウフロー制御では，送信元ホストからの送信レートは一定になりません．送信元ホストは，ウィンドウサイズ W 分だけすぐにパケットを送信して，ACK が返ってくるまでしばらく待つ．ACK を受信したら，受信した ACK 分だけすぐにパケットを送信して，また ACK が返ってくるまでしばらく待つ……という動作になります．このためウィンドウフロー制御では，パケットが，高いレートで断続的に送信されることになります．

実際，ウィンドウサイズを調整するウィンドウ制御ではなく，送信レートを調整する**レート制御**という手法も存在します．TCP の輻輳制御機構を，レート制御によって実現するという論文も過去に発表されています [48]．筆者も「なぜ TCP の輻輳制御機構は，レート制御ではなくウィンドウ制御なのか」という説明は目にしたことがありません．そのため推測になりますが，これはおそらく「レート制御よりもウィンドウ制御のほうが簡単だから」というのが理由だと思われます．本書の主題から外れるために理由は説明しませんが，真面目にレート制御を実現しようとすると，パケットの送信間隔を細かく制御しなければならなくなり，例えばオペレーティングシステムのタイマや割込みと呼ばれる機構を駆使する必要があるからです [49]．

さて，本題に戻りましょう．ウィンドウサイズ W で送信元ホストが送信できるパケット数を制限するなら，ウィンドウサイズ W をどのように決めるかが問題になります．「現在の利用可能帯域は 30 メガビット/秒」ということがわかっていれば簡単ですが，送信元ホストと宛先ホストにはわからないことだらけなのです．具体的には，以下のようなさまざまな困難があるため，「適切な」ウィンドウサイズを決めることは容易ではありません．

① 送信元ホスト～宛先ホストの経路は事前にわからない
② 送信元ホスト～宛先ホストの経路は通信中に変化するかもしれない
③ 送信元ホスト～宛先ホストの経路上のスイッチの処理速度やリンクの帯域はわからない
④ 送信元ホスト～宛先ホストの経路上のスイッチの処理速度やリンクの利用可能帯域は，他の利用者の通信量によって増減する
⑤ 複数の利用者がいれば，それらの利用者でネットワーク資源を**公平**に共有しなければならない
⑥ 「輻輳崩壊」が起こる危険性があるため，ネットワークを過度に輻輳させてはいけない

適切なウィンドウサイズを決定する（もしくは現在の利用可能帯域を知る）ための素朴な解法は，例えば，

① 中央制御装置を用意して，中央制御装置にルータの現在の状態を随時把握させ，送信元ホストは中央制御装置にその都度問い合わせて利用可能帯域を教えてもらう
② 送信元ホストが経路上のルータに直接問い合わせて，経路上のルータが利用可能帯域を送信元ホストに返答する仕組みを組み込む

といったものでしょう．①や②のような，素朴で直接的な解法も状況によっては有効ですが，どちらも分散型のコンピュータネットワークであるというインターネットの利点を損ねてしまいます．

TCP の輻輳制御は，インターネットに特殊な機構を追加することなく，送信元ホストと宛先ホストだけで適切なウィンドウサイズを決定します．

TCP の輻輳制御機構は，転送開始直後に適切なウィンドウサイズのおおよその目安を素早く知るための「**スロースタートフェーズ**（slow start phase）」と，適切なウィンドウサイズの目安を知った後に，ウィンドウサイズを細かく調整する「**輻輳回避フェーズ**（congestion avoidance phase）」と呼ばれる 2 種類の動作モードを持っています．スロースタートフェーズは，転送開始直後など，ネットワークの状況がよくわからない場合に，「ウィンドウサイズは，おおよそどのくらいの大きさにすればいいか」を判定します．その後，輻輳回避フェーズに移行し，ウィンドウサイズを少しずつ増減させながら適切なウィンドウサイズの値を探り続けます．

スロースタートフェーズと輻輳回避フェーズの動作をもう少しだけ詳しく説明しましょう．スロースタートフェーズでは，ネットワーク中でのパケット損失が起こるまで，ウィンドウサイズ W をラウンドトリップ時間ごとに 2 倍に増加させ続けます．これにより，非常に低速なネットワークであっても，また逆に非常に高速なネットワークであっても，ウィンドウサイズをおおよその値まですぐに増加させることができます．初期ウィンドウサイズを $W = 1$ とすれば，ラウンドトリップ時間ごとに W は，$2, 4, 6, 8, \ldots$ と倍々に増えてゆきます．ここでのポイントは，「ウィンドウサイズを指数関数的に増加させる」ということです．a を定数 (> 1) とすれば，**指数関数**

$$y = a^x \tag{5.5}$$

は x が増加すると，y が爆発的に増加する関数です．**図 5.2** のよう

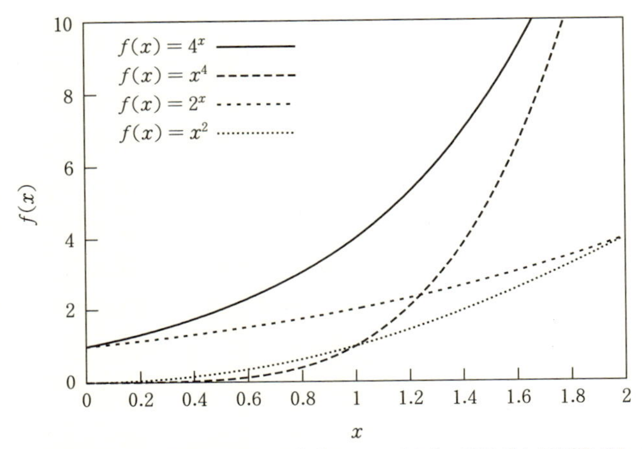

図 5.2　n 次関数 (x^n) と指数関数 (a^x) の比較—— x が小さい時はそれほど差がないように見える.

なグラフを見ると，x^n（x の n 次関数）も，a^x（x の指数関数）もそれほど大きな違いはなさそうに思えます．しかし，**図 5.3** のグラフからわかるように，指数関数は，n 次関数とまったく比較にならないくらい急速に増加します．環境にもよりますが，リンクの通信速度には数キロビット/秒から数百メガビット/秒と非常に幅があります．そのため，利用可能帯域も状況によって大きく異なります．スロースタートフェーズでは，ウィンドウサイズを指数関数的に増加させることで，適切なウィンドウサイズのおおよその目安を素早く知ることができるのです．

スロースタートフェーズ中にパケット損失を検出した場合，ウィンドウサイズを 1/2 に減少させ，輻輳回避フェーズに移行します．これは，「パケット損失が起こったということは，送信元ホスト～宛先ホストのどこかのスイッチでバッファあふれが生じたのだろう．つまり，ウィンドウサイズが大きすぎたのだろう」という考え

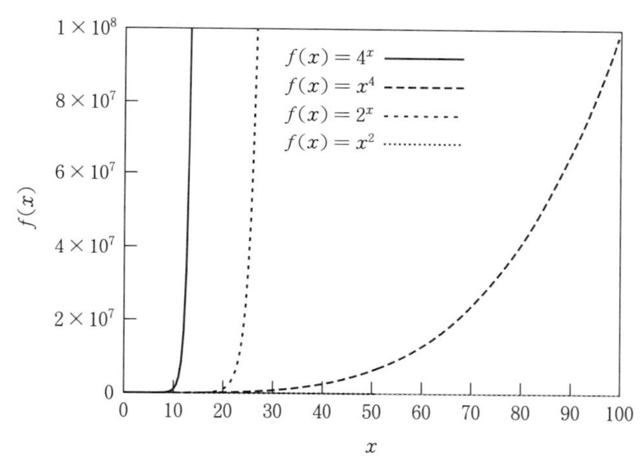

図 5.3　n 次関数 (x^n) と指数関数 (a^x) の比較——指数関数は，n 次関数とまったく比較にならないくらい急速に増加する（x^2 は値が小さすぎて x 軸と重なっている）.

に基づいています.

輻輳回避フェーズでは，**AIMD**（Additive Increase and Multiplicative Decrease）型のウィンドウフロー制御 [50] によって，ネットワーク中でのパケット損失の有無に応じて，ウィンドウサイズを緩やかに調整します．スロースタートフェーズにおいて適切なウィンドウサイズの目安を知った後，輻輳回避フェーズにおいてウィンドウサイズを細かく調整します．基本的な考え方は，送信元ホスト～宛先ホスト間のネットワークの利用可能帯域を十分活用できるように，パケット損失が少しだけ起きるくらいのレベルにウィンドウサイズを調整する，というものです．そのため，パケット損失が起こらなければ少しずつウィンドウサイズを大きくします．ウィンドウサイズを大きくしすぎるとパケット損失が発生します．そのため，パケット損失が発生すると，ウィンドウサイズを小さくします．ただし，パケット損失の有無によってウィンドウサイズを増減させる方法に工夫があります．

輻輳回避フェーズでは，ウィンドウサイズを大きくする時は**加算的**(additive)に増加させます．一方，ウィンドウサイズを小さくする時は**乗算的**(multiplicative)に減少させます．「加算的」や「乗算的」というと何か難しく聞こえますね．大ざっぱに言えば[10)]，ウィンドウサイズを大きくする時は，ラウンドトリップ時間ごとに，ウィンドウサイズ W を

$$W \leftarrow W + 1 \tag{5.6}$$

のように「足し算」によって増加します[11)]．一方，ウィンドウサイズを小さくする時は，パケット損失を検出するごとに，ウィンドウサイズ W を

$$W \leftarrow \frac{1}{2} W \tag{5.7}$$

のように 1/2 倍の「掛け算」によって減少させます．輻輳回避フェーズは，加算的(additive)に増加(increase)させ，乗算的(multiplicative)に減少(decrease)させることから，AIMD (Additive Increase and Multiplicative Decrease)型のウィンドウフロー制御と呼ばれています．輻輳回避フェーズは，このような手法によってウィンドウサイズが適切な値となるように調整し続けます．

---

10) 実際には，ウィンドウサイズには最大値と最小値が決まっており，必ず最小値と最大値の間の値を取ります．ここではわかりやすさを重視し，ウィンドウサイズの上限・下限の説明は省略しています．

11) 正確には，ACK を受信するごとに，ウィンドウサイズ W を $1/W$ だけ増加させます．ラウンドトリップ時間中に W 個のパケットを送信できるので，ラウンドトリップ時間ごとに 1 だけ増加することになります．

5.4 TCP スループット方程式

このように，TCP の輻輳制御機構はかなり複雑です．TCP 自体がかなり複雑なプロトコルであるため，TCP を使って通信した時の特性を知るのはそれほど簡単ではありません．そのため，TCP の輻輳制御くらい複雑なプロトコルの特性を分析するためには，通常は，現実のコンピュータネットワーク上での実験や，**コンピュータシミュレーション**が行われます．

実験の場合，TCP の輻輳制御機構を実際に実装した送信元ホストと宛先ホストを用意して，これらのホスト間で実際にデータ転送を行います．実際にデータ転送を行ってみて，その時のふるまいを観測します．コンピュータシミュレーションの場合，TCP の輻輳制御機構の動作を模擬するソフトウェア（「**シミュレータ**」と呼ばれます）を作成し，コンピュータの中で擬似的にデータ転送を行った時の状況を作ります．コンピュータ内部での擬似的なデータ転送のようすを観測します．

TCP の輻輳制御機構くらい複雑だと，その特性を数学的に調べるのはそれほど簡単ではありません．しかし，これまで数多くの研究者によって TCP の理論的検討が行われています [51-67]．それらの成果の中の一つである「**TCP スループット方程式**」[51] を紹介します．TCP スループット方程式とは，**定常状態**における TCP のスループットが次式で与えられるというものです．

$$BW = \frac{MSS}{RTT} \frac{\sqrt{3/2}}{\sqrt{p}} \tag{5.8}$$

ここで BW は TCP のスループットであり，MSS は TCP の**最大**

セグメントサイズ[12]，RTT はラウンドトリップ時間，p はネットワーク中でのパケット廃棄率です．

TCP スループット方程式は，以下のような理想的な条件のもとで求められています．

① ラウンドトリップ時間 RTT は一定である
② ネットワーク中でのパケット廃棄率は一定である
③ ネットワーク中でのパケット廃棄はランダムに発生する
④ 送信元ホストは常に転送すべき情報を持っている（常にウィンドウサイズ分のパケットを送信する）
⑤ TCP の最大ウィンドウサイズは十分に大きい

TCP の輻輳制御機構くらい複雑なものであっても，ポイントを押さえた簡単化・理想化をすれば，TCP スループット方程式のようなキレイな結果が導けるのです．紙面の都合上，TCP スループット方程式の求め方はここでは説明しませんが，高校生レベルの数学がわかれば理解できる程度のものです．興味がある方は，ぜひ文献 [51] を読んでみてください．

5.5 インターネットが混雑すると遅くなる理由

さて，疑問 5 に答える準備ができました．TCP スループット方程式（式(5.8)）をよく見てみてください．TCP スループット方程式より，ネットワーク中でのパケット廃棄率 p が増加すると，その平方根 $\sqrt{p}$ に反比例して，TCP のスループット BW が低下することがわかります．分子にかかっている，最大セグメントサイズ

12) 最大セグメントサイズとは，単一のパケット中に格納できる TCP のデータ量（多くの環境では 1,460 バイト）です．

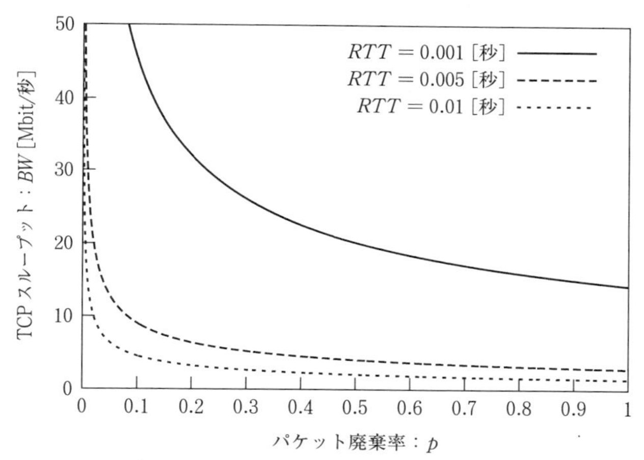

図 5.4　TCP スループット方程式の数値例——パケット廃棄率 p と TCP スループット BW の関係（最大セグメントサイズ MSS 1,460 [バイト]）.

MSS や $\sqrt{3/2}$ はどちらも定数です.

図 5.4 に，パケット廃棄率 p と TCP スループット BW の関係を示します．ここでは，最大セグメントサイズ MSS を 1,460 バイトとし，ラウンドトリップ時間 RTT を 0.001 秒，0.005 秒，0.01 秒と変化させています.

図 5.4 からも，ネットワーク中のパケット廃棄率 p が増加すると，TCP のスループットが急激に低下することがわかります．つまり，インターネットが混雑すると遅くなる理由は，単に，バッファあふれによるパケット損失が増えてスループットが低下するのではなく，「パケット廃棄率が増加することにより，TCP の輻輳回避機構によってスループットが低く抑えられるから」であることを意味しています.

疑問 5：インターネットは混雑するとなぜ遅くなるのか？
答　え：パケット廃棄率が増加した結果，TCP が送信元ホストからのパケット送信量を抑制するから．

疑問6

インターネットで海外と通信するとなぜ遅くなるのか？

これまで，インターネットの「速さ」や「遅さ」に関して，以下のような話題を取り上げました．

- インターネットは通信品質が悪い（疑問2「インターネットに弱点はないのか？」）
- インターネットのスイッチは高速である（疑問3「インターネットはなぜ高速なのか？」
- パケット廃棄率が大きいとTCPのせいで遅くなる（疑問5「インターネットは混雑するとなぜ遅くなるのか？」

どれもインターネットの「速さ」や「遅さ」に関する話ですが，似たようで違った話が並んでいたので少し混乱してきたかもしれません．ここで少し整理しましょう．

2章では，インターネットの通信方式であるパケット交換方式を，アナログ電話網の通信方式である回線交換方式と比較しました．パケット交換方式は，回線交換方式のように事前に通信チャネルを確保しないため，パケットがネットワーク中で消えてしまうかもしれないし，パケット転送の遅延時間が増大するかもしれません．したがって，インターネットは「回線交換方式のネットワークと比較すると」通信品質の悪いネットワークである，ということを説明しました．

3 章では，待ち行列理論を用いて，インターネットを構成するそれぞれのスイッチがなぜ高速に動作するかを説明しました．インターネットでは，パケットの大きさがほぼ一定であるため，スイッチにおける処理時間が小さく抑えられる，ということを説明しました．ここでの議論は，インターネットのパケット交換方式は，「(パケットの大きさが頻繁に変動するような）他のパケット交換方式と比較すると」高速なネットワークである，ということを意味しています．

5 章では，TCP スループット方程式を紹介し，インターネットが混雑すると，なぜスループットが低下するかを説明しました．インターネットは，TCP と呼ばれる伝送制御プロトコルを用いています．ネットワークが輻輳すると，スイッチにおけるパケット廃棄率が増加します．TCP のスループットは，ネットワーク中でのパケット棄却率の平方根に反比例するという特性を持っているということを説明しました．ここでの議論は，「インターネットのパケット交換方式は高速に動作する（3 章）けれども，インターネットの伝送制御プロトコルのために遅くなる（ことがある)」というものです．つまり，

- インターネットは，回線交換方式のネットワークと比較すると遅い（疑問 2「インターネットに弱点はないのか？」)
- インターネットのパケット交換方式は，（パケットの大きさが頻繁に変動するような）他のパケット交換方式と比較すると高

速である（疑問3「インターネットはなぜ高速なのか？」）
- インターネットが渋滞すると，伝送制御プロトコルのせいで遅くなる（疑問5「インターネットは混雑するとなぜ遅くなるのか？」）

という関係になります．以下では，インターネットで海外と通信するとなぜ遅くなるのかを考えます．

6.1　コンピュータネットワークとトポロジ

序章で説明したように，インターネットは「コンピュータネットワークのネットワーク」です．ただし，インターネットを構成するスイッチやリンクだけに注目すると，インターネットは巨大な単一のコンピュータネットワークであると見ることもできます．インターネットは，複数のコンピュータネットワークが相互接続された巨大なコンピュータネットワークです．それぞれのコンピュータネットワークは，所在地はもちろんのこと，所有者や管理者もそれぞれ異なっているのが普通です．ただし，インターネットに接続されているコンピュータネットワークは，すべて共通の TCP/IP と呼ばれる通信プロトコルを用いています．そのため，TCP/IP のプロトコルレベルで見れば，インターネットは巨大な単一のネットワークとみなすこともできます．

情報通信の分野では，コンピュータネットワークの構成要素（ホスト，スイッチ，リンク）の接続形態を「**トポロジ**（topology）」と呼びます．「トポロジ」とは，もともとは「位相幾何学」と呼ばれる数学の一分野を表す言葉です．

> トポロジ：名詞．数学．図形の形状や大きさの連続的な変化によって影響を受けない，幾何的な特性や空間的な関係の学問[1)]．

そこから派生し，情報通信の分野では，ネットワークの構成要素（ホスト，スイッチ，リンク）がどのように接続されているかを意味する言葉として使われています．もともと，「トポロジ」という言葉は，「図形の形状や大きさの連続的な変化によって影響を受けない，幾何的な特性や空間的な関係の学問」です．したがって，厳密には，コンピュータネットワークの「トポロジ」は，ホスト，スイッチ，リンクが存在する場所や，それらの間の距離によらず，純粋な接続関係を意味する言葉です．しかし，ホスト，スイッチ，リンクが存在する場所や，それらの間の距離も含めて「トポロジ」と呼ぶこともあります．

一般に，トポロジの観点から「近い」場所に位置するホスト同士の通信はすぐに完了しますが，トポロジの観点から「遠い」場所に位置するホスト同士の通信には時間がかかってしまいます．送信元ホストと宛先ホストが，トポロジの観点から「近い」のであれば，送信元ホストから送信されたパケットは，数多くのスイッチを経由する必要はありませんので，宛先ホストにすぐに到着することがほとんどです．一方，送信元ホストと宛先ホストが，トポロジの観点から「遠い」のであれば，送信元ホストから送信されたパケットは，数多くのスイッチを経由してようやく宛先ホストに到着することになります．このため，複数のスイッチやリンクを経由しなければならず，「遅延」の意味でも遅くなりますし，いずれかのスイッチやリンクで通信速度が低く抑えられる可能性が高く，「スループット」の意味でも遅くなります．

ただし，送信元ホストと宛先ホストが，地理的に「近い」位置に

---

[1] 英英辞典 OALD（Oxford Advanced Learner's Dictionary）の「topology」の項目を一部抜粋し，筆者が翻訳したものです．

あるかどうかと，インターネットのトポロジの観点から「近い」位置にあるかどうかは直接対応しないことに注意が必要です．奇妙に思えるかもしれませんが，インターネットのトポロジの観点からは，隣の家よりも，隣の町のほうが近いかもしれないのです．そのため，インターネットでは，「隣の家の友人と通信するよりも，隣の町の友人と通信するほうがより高速である」ということが普通に起こります．

例えば，筆者の自宅（兵庫県三田市）から，関西学院大学神戸三田キャンパス（兵庫県三田市）に情報を送信する場合を考えます．筆者の自宅から関西学院大学神戸三田キャンパスは地理的には非常に近い（徒歩圏内）のですが，インターネットのトポロジの観点からはかなり遠くなっています．具体的には，兵庫県三田市内の送信元ホストから，同じ兵庫県三田市内の宛先ホストまで，

兵庫県→東京都→大阪府→兵庫県

のようにいったん東京都を経由します．技術的には，兵庫県三田市内の送信元ホスト～同市内の宛先ホストの通信を，県外に経由させる必要はありません．必要ないどころか，大きな無駄です．しかし，歴史的・経済的なさまざまな経緯により，現在のインターネットは複雑なトポロジとなっているのです．

6.2 TCP スループット方程式再び

さて，本章の疑問「インターネットで海外と通信するとなぜ遅くなるのか？」に戻りましょう．この疑問にも，5章で紹介した TCP スループット方程式で答えることができます．TCP スループット方程式とは以下のような式でした．

$$BW = \frac{MSS}{RTT}\frac{\sqrt{3/2}}{\sqrt{p}} \tag{5.8}$$

ここで，BW は TCP のスループット，MSS は TCP の最大セグメントサイズ，RTT はラウンドトリップ時間，p はネットワーク中でのパケット廃棄率でした．

6.3 海外と通信すると遅くなる理由

TCP スループット方程式より，TCP のスループット BW は，ラウンドトリップ時間 RTT に反比例することがわかります．ラウンドトリップ時間とは，送信元ホストと宛先ホストの間をパケットが往復するのにかかる時間を意味します．ラウンドトリップ時間は，インターネットのトポロジの観点から，送信元ホストと宛先ホストがどれだけ近くに位置しているかによっておおよそ決まります．

送信元ホストを s，宛先ホストを d と表記します．送信元ホスト～宛先ホストの経路上のスイッチの台数を M と表記します．送信元ホスト s と 1 番目のスイッチ間の**伝搬遅延**を $\tau_{s,1}$，1 番目と 2 番目のスイッチ間の伝搬遅延を $\tau_{1,2}$ 等と表記します．また，i 番目のスイッチにおける**処理遅延**を d_i と表記します．送信元ホスト～宛先ホスト間の通信遅延 D は，

$$D = \tau_{s,1} + d_1 + \tau_{1,2} + d_2 + \cdots + d_M + \tau_{M,d} \tag{6.1}$$

で与えられます．ラウンドトリップ時間 RTT は，送信元ホストと宛先ホストの間をパケットが往復するのにかかる時間なので，

$$RTT \simeq 2D \tag{6.2}$$

となります[2)]．スイッチにおける平均処理遅延を $\overline{d}$，リンクの平均伝搬遅延を $\overline{\tau}$ とすれば，

$$RTT \simeq 2(M(\overline{d}+\overline{\tau})+\overline{\tau}) \tag{6.3}$$

と表現できます[3)]．このため，大ざっぱに言えば，送信元ホストと宛先ホストの経路上のスイッチの台数 M が2倍になれば，ラウンドトリップ時間は（ほぼ）2倍になります．

インターネット上のどの送信元ホストから，どの宛先ホストに対して通信をするのかによってバラツキはありますが，国内のホスト同士で通信する場合のラウンドトリップ時間は数ミリ～数十ミリ秒程度，海外のホストと通信する場合のラウンドトリップ時間は百ミリ秒以上となります．国内のホスト同士で通信する場合と比較して，海外のホストと通信する場合には，必然的に経由するスイッチ数が増加します．これに加えて，海外のホストと通信する場合には，長距離の（伝搬遅延が大きい）リンクを経由しなければなりません．例えば，米国内のホストと通信する場合には，太平洋に敷設された海底ケーブルを経由しなければなりません．光の速度（時速約30万キロメートル）を超えて情報を転送することはできませんので，海底ケーブルを経由するのに大きな時間がかかってしまいます．

ラウンドトリップ時間 RTT と TCP スループットの関係を**図 6.1** に示します．ここでは，最大セグメントサイズ MSS を 1,460 バイトとし，パケット棄却率 p を 0.01，0.05，0.1 と変化させています．

---

2) 往路（送信元ホスト→宛先ホスト）の経路と，復路（宛先ホスト→送信元ホスト）の経路は同一とは限りませんし，経路が同一であったとしても遅延は異なるかもしれませんので，一般には等号は成立しません．

3) リンクの伝搬遅延は，基本的に光の速度や電気の速度で決まります（4章）．

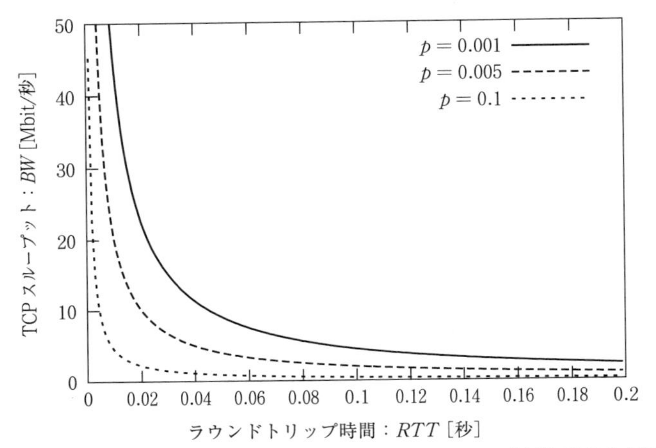

図 6.1 TCP スループット方程式の数値例――ラウンドトリップ時間 RTT と TCP スループットの関係（最大セグメントサイズ MSS 1,460 [バイト]）.

この図から，ラウンドトリップ時間が大きくなると，TCP のスループットが急速に小さくなっていることがわかります．たとえパケット棄却率が同じであっても，ラウンドトリップ時間が 5 倍になれば，TCP のスループットは 1/5 になってしまうのです．

ここで，ラウンドトリップ時間が増加すると「遅延時間」という観点で遅くなるのは仕方がないことですが，「スループット」という観点で遅くなるのは仕方がないことでは「ない」という点に注意してください．4 章で紹介したように，インターネットを含むすべてのコンピュータネットワークは，リトルの法則から逃れることはできません．逆に言えば，リトルの法則で決まる限界までは（理論上は）高速化することが可能です．リトルの法則より，スループットは

$$\lambda = \frac{N}{T} \tag{6.4}$$

で与えられます．ここで，N は平均系内客数，T は平均系内時間でした．ラウンドトリップ時間 RTT は T のおおよそ 2 倍程度なので，近似的に

$$\lambda \simeq \frac{N}{RTT/2} \tag{6.5}$$

で与えられます．したがって，ラウンドトリップ時間 RTT が 5 倍になるなら，それにあわせて平均系内客数 N も 5 倍に増やせば，理論上はスループットの低下は起こらないのです．

海外と通信すると（スループットの観点で）遅くなる，というのは，パケット交換方式の限界でも何でもなく，インターネットが採用している伝送制御プロトコル TCP の制約のためなのです．

疑問 6：インターネットで海外と通信するとなぜ遅くなるのか？

答　え：ラウンドトリップ時間が大きな値となり，その影響により，TCP のスループットが低下してしまうから．

Box　TCP 輻輳制御アルゴリズムの研究動向

5 章および 6 章では，RFC5681 [44] で規定されている TCP の輻輳制御機構を紹介しました．インターネットが混雑すると遅くなることや，海外と通信すると遅いことの原因の一つが，TCP の輻輳制御機構にあることを紹介しました．

TCP の輻輳制御機構の問題は，インターネットの研究者の間では広く知られた問題であり，これまでに数多くの研究が行われています．

TCP を規定した RFC793 は 1981 年に発行されたもので，本書の執筆時（2017 年）ですでに 36 年が経過しています．その後，RFC793，RFC1122，RFC1144，RFC1191，RFC1981，RFC2018，RFC2460，RFC2675，RFC2873，RFC2883，RFC3042，RFC3168，RFC3390，RFC3465，RFC4015，RFC4821，RFC4953，RFC4987，RFC5461，RFC5681，RFC5682，RFC5925，RFC5926，RFC5927，RFC5961，RFC6093，RFC6298，RFC6528，RFC6582，RFC6633，RFC6675，RFC6691，RFC6846，RFC7323 など，数多くの RFC で TCP の通信規約の追加や修正が行われています [68]．TCP は時代とともに少しずつ発展してきた通信プロトコルであるといえます．

TCP の輻輳制御機構を規定した RFC5681 の発行が 2009 年です．その前後の時期を中心に，TCP の輻輳制御機構の問題を解決するさまざまなアルゴリズム（TCP のウィンドウサイズを，どのような情報に基づいて，どのようなタイミングで，どのように変化させるか）の提案が，国内外の研究者らによって行われました．

これまでに，筆者も把握しきれないほど多数の TCP の輻輳制御アルゴリズムが提案されています（おそらく 100 種類は超えていると思います）．TCP の輻輳制御アルゴリズムの多くには，慣習的に「TCP なんとか」とか「なんとか TCP」という名前が付けられています．本書で紹介した TCP の輻輳制御アルゴリズム [44] は「TCP Reno」や「TCP NewReno」と呼ばれています．

世界中の研究者らが，それぞれの知恵を絞って TCP の輻輳制御アルゴリズムを考えています．TCP の輻輳制御アルゴリズムの歴史を眺めると，「エンド間（送信元ホスト～宛先ホスト間）で動作するウィンドウフロー制御において，ウィンドウサイズをどのように調整すればよいか？」という比較的単純な問題に対して，本当に多様な発想や解法があるのだと驚かされます．

以下では，TCP の輻輳制御アルゴリズムの中で，特徴的なものをいくつか紹介します．これらの輻輳制御アルゴリズムの大半は，まだ RFC にはなっていません（つまり，インターネットの通信規格の一部にはなっていません）が，一部のオペレーティングシステムにはすでに実装されています．

(1) TCP Vegas [69]

TCP Vegas は，アリゾナ大学の L. S. Brakmo 氏らが 1994 年に発表した TCP の輻輳制御アルゴリズムです．

TCP Vegas が発表されるまで，TCP の輻輳制御アルゴリズム（例えば TCP Tahoe や TCP Reno）は，ネットワーク中でのパケット損失の有無によってウィンドウサイズを調整するのが当然だと考えられていました（少なくとも筆者はそう思っていました）．ネットワークが輻輳すると，輻輳したスイッチでバッファあふれが発生し，パケット損失が起こります．このため，ネットワーク中でパケット損失が発生したということは，ネットワークが輻輳しているということを意味します．

従来の TCP Reno では，送信元ホストが適切なウィンドウサイズを知るために，ネットワークをわざと一時的に輻輳させます．つまり，パケット損失が発生するまでウィンドウサイズを大きくしてゆき，パケット損失の発生を検出すると，すぐにウィンドウサイズを小さくします．ネットワークを「**軽度な輻輳状態**」にすることにより，輻輳崩壊を防ぎつつネットワーク資源の有効利用を図っています．

一方，TCP Vegas は，ネットワーク中におけるパケット損失の有無ではなく，エンド間で計測した通信遅延の大きさに基づいてウィンドウサイズを調整します．これは，「パケット損失が起きてからあわててウィンドウサイズを下げるのでは遅すぎる．ネットワークが過負荷になると，パケット損失が起こる前に，まずエンド間の通信遅延が増大する．だから，エンド間の通信遅延をもとにウィンドウサイズを調整するのがよい．」という考えに基づいています．

TCP Vegas の登場以降，ネットワーク中でのパケット損失の有無によってウィンドウサイズを調整するタイプの TCP 輻輳制御アルゴリズムは「**損失ベース** (loss-based)」**の輻輳制御アルゴリズム**，ネットワーク中の通信遅延の大きさによってウィンドウサイズを調整するタイプの TCP 輻輳制御アルゴリズムは「**遅延ベース** (delay-based)」**の輻輳制御アルゴリズム**と呼ばれています．

TCP Vegas は，ネットワークを過度に輻輳させないという意味では素晴らしい方式なのですが，TCP Vegas と TCP Reno が競合すると，TCP Vegas が十分なスループットを獲得できないという問題（**公平性の問題**）があります．これは，TCP Reno のような損失ベースの輻輳制御アルゴリズムが「積極的に帯域を獲得しようとする」のに対して，TCP Vegas のような遅延ベースの輻輳制御アルゴリズムは「節度を持って帯域を獲得しようとする」からです．つまり，節度を持った人 (TCP Vegas) だけの世界なら全員が幸福になりますが，そこに積極的な人 (TCP Reno) が混じると，節度を持った人 (TCP Vegas) が損をするのです．

(2) HighSpeed TCP (HSTCP) [70]

HighSpeed TCP（HSTCP とも呼ばれます）は，インターネットの輻輳制御における著名な研究者の一人である Sally Floyd 氏らが 2002 年に発表した TCP の輻輳制御アルゴリズムです．
この当時，TCP Reno や TCP NewReno では，高速化するインターネットの利用可能帯域を使い切れないということが問題となっていました．5 章の TCP スループット方程式（式(5.8)）をもう一度見てみてください．

$$BW = \frac{MSS}{RTT} \frac{\sqrt{3/2}}{\sqrt{p}} \tag{6.6}$$

送信元ホストと宛先ホストが地理的に離れていて，なおかつその間が高速なネットワークで接続されているような**広域・広帯域ネットワーク**を考えます．仮に，最大セグメントサイズ MSS を 1,460 バイト，ラウンドトリップ時間 R を 100 ミリ秒（=0.1 秒）とします．この時，TCP のスループットが 10 ギガビット/秒（$=10^{10}$ ビット/秒）を達成するためには，ネットワーク中のパケット廃棄率 p が，

$$10^{10} = \frac{8 \times 1460}{0.1} \frac{\sqrt{3/2}}{\sqrt{p}} \tag{6.7}$$

を満たしている必要があります．上式を p について解くと，

$$p = 2.05 \times 10^{-10} \tag{6.8}$$

となります．つまり，TCP が 10 ギガビット/秒を達成するためには，ネットワークのパケット廃棄率が 0.00000002% 程度でなければならない，ということを意味しています．前述のように，TCP は意図的にネットワークを軽度な輻輳状態にしているのですから，このような極度に小さなパケット廃棄率はどう頑張っても実現できません．

TCP Vegas のような遅延ベースの輻輳制御アルゴリズムと比較すると，損失ベースの輻輳制御アルゴリズムである TCP Reno は十分に「積極的」ですが，広域・広帯域ネットワークの利用可能帯域を使い切れるほどには積極的ではない，ということもできます．

HighSpeed TCP は，TCP Reno におけるウィンドウサイズの増減量を変更することで，広域・広帯域ネットワークにおいて TCP が利用可能帯域を使い切れないという問題を解決しています．以下では，紙面の都合上，HighSpeed TCP のアイディアだけを説明します．HighSpeed TCP の詳細については RFC3649 [70] を参照してください．

HighSpeed TCP は，TCP Reno におけるウィンドウサイズの増加量（ラウンドトリップ時間ごとに +1）とウィンドウサイズの減少幅（パケット損失を検出するごとに 1/2 倍）を，現在のウィンドウサイズの値に応じて変化させます．ただし，従来の TCP Reno との公平性を実現

するため，ウィンドウサイズが小さい（38 以下の）時には TCP Reno とまったく同じように動作します．一方，ウィンドウサイズが 38 を超えると，ウィンドウサイズの増加量を +1 よりも大きく，ウィンドウサイズの減少幅を 1/2 よりも小さくします．これにより，（ウィンドウサイズが大きな値となることが求められる）広域・広帯域ネットワークにおいて，TCP Reno よりもウィンドウサイズを大きくすることを可能としています．HighSpeed TCP は，TCP Reno よりも，より積極的に帯域を獲得しようとする輻輳制御アルゴリズムである，ということができます．

(3) Compound TCP [71]

Compound TCP は，マイクロソフト・リサーチの K. Tan 氏らが 2006 年に発表した TCP の輻輳制御アルゴリズムです．

「合成 (compound) TCP」という名前の通り，TCP Reno のような損失ベースの輻輳制御アルゴリズムと，TCP Vegas のような遅延ベースの輻輳制御アルゴリズムを混ぜたようなアルゴリズムとなっています．

HighSpeed TCP のような，TCP Reno よりも積極的に帯域を獲得しようとする輻輳制御アルゴリズムの問題は，HighSpeed TCP と TCP Reno が競合すると，TCP Reno が十分なスループットを獲得できないという点にあります．積極性の異なる輻輳制御アルゴリズムが競合すると，積極性の強いほうがより多くの帯域を獲得し，積極性の弱いほうが十分な帯域を獲得できないからです．TCP Vegas と TCP Reno が競合すれば，積極性の強い TCP Reno が勝ち（より多くの帯域を獲得し），HighSpeed TCP と TCP Reno が競合すれば，積極性の強い HighSpeed TCP が勝ってしまいます．

TCP の輻輳制御機構を設計する上での困難さが，「新しい輻輳制御アルゴリズムを採用した TCP と，従来の TCP Reno が競合した時に，両者が帯域を公平に分け合うことが求められる」という点にあります．このような特性を「**TCP フレンドリネス**（friendliness：友好さ）」と呼びます．

Compound TCP は，ウィンドウサイズの値を，TCP Reno に類似した損失ベースの輻輳制御アルゴリズムによって決定されるウィンドウサイズ $cwnd$ と，TCP Vegas に類似した遅延ベースの輻輳制御アルゴリズムによって決定されるウィンドウサイズ $dwnd$ の和によって与えます．

Compound TCP と TCP Reno が競合した場合，Compound TCP は，遅延ベースのウィンドウサイズ $dwnd$ の値がゼロとなり，純粋な損失ベースの輻輳制御アルゴリズムとして動作します．したがって，TCP Reno と Compound TCP の TCP フレンドリネスが実現されます．一方，ネットワーク中に Compound TCP しか存在しない場合は，遅延ベースのウィンドウサイズ $dwnd$ の値が増加します．これにより，Compound TCP は，TCP Reno では（つまり，損失ベースの輻輳制御アルゴリズム単体では）利用可能帯域を使い切れないような広域・広帯域ネットワークであっても高いスループットを実現します．

Compound TCP は Windows オペレーティングシステムの標準の（デフォルトの）TCP 輻輳制御アルゴリズムに採用されています．

(4) CUBIC [72]

CUBIC は，ノースカロライナ州立大の I. Rhee 氏らが 2008 年に発表した TCP の輻輳制御アルゴリズムです．

2008 年頃になると，TCP 輻輳制御アルゴリズムの「競争」もようやく一段落ついてきました．TCP 輻輳制御アルゴリズムの研究は，最初は「発想の勝負」や，「アイディア勝負」のような側面がありましたが，この頃になると，細かな部分まで気配りがされた，完成度の高い輻輳制御アルゴリズムとなっています．

CUBIC の特徴は，①ウィンドウサイズを加算的に増加させるのではなく，三次関数 (cubic function) によって増加させる，②（パケット損失が起こらない場合に）ラウンドトリップ時間ごとにウィンドウサイズを増加させるのではなく，経過時間によって増加させる，というものです．

以下では，CUBIC の「ココロ」を説明します．CUBIC の詳細については文献 [72] を参照してください．

TCP Reno に代表される，TCP 輻輳制御アルゴリズムの多くは AIMD (Additive Increase and Multiplicative Decrease) 型のウィンドウフロー制御（5 章）を採用しています．AIMD 型のウィンドウフロー制御では，パケット損失が起こらない時には，ウィンドウサイズをまだまだ増加できると判断し，ウィンドウサイズを加算的に（つまり一定のペースで）増加させます．CUBIC の考案者らが注目したのは，「ウィンドウサイズをずっと一定のペースで増加させている」という点です．輻輳回避フェーズでは，ネットワーク中のパケット損失の有無によってウィンドウサイズを調整します．CUBIC の考案者らは，「ウィンドウサイズが W_{max} の時にパケット損失が起こって，ウィンドウサイズを $W_{max}/2$ に減少させたなら，再びウィンドウサイズを増加させてゆき，次にパケット損失が起きるのはウィンドウサイズが W_{max} の前後である可能性が高い.」という性質に気付きました．そこで CUBIC は，ウィンドウサイズを一定のペースで増加させるのではく，ウィンドウサイズに関する三次関数を用いることにより，ウィンドウサイズが W_{max} から離れている時には急速に増加させ，ウィンドウサイズが W_{max} 近辺の時には緩やかに増加させます．

また，TCP Reno に代表される AIMD 型のウィンドウフロー制御の多くは，ラウンドトリップ時間ごとにウィンドウサイズを加算的に増加させます．その結果，ラウンドトリップ時間が小さいネットワークではウィンドウサイズが急速に増加しますが，一方，逆にラウンドトリップ時間が大きいネットワークではウィンドウサイズがなかなか増加しません（6 章）．CUBIC は，ラウンドトリップ時間を単位としてウィンドウサイズを増加させるのではなく，経過時間によってウィンドウサイズを増加させます．

CUBIC は Linux オペレーティングシステムの標準の（デフォルトの）TCP 輻輳制御アルゴリズムに採用されています．

疑問 7
インターネットは世界を小さくしたのか？

疑問 7 は疑問 1「インターネットはどこが優れているのか？」や疑問 2「インターネットに弱点はないのか？」と同じように,「答えが一つに定まらない」疑問です．インターネットを利用すれば，電子メールやチャット，IP 電話などを用いて，地理的に遠く離れた人と簡単にコミュニケーションを取ることができます．また，インターネットを利用すれば，掲示板やブログ，SNS (Social Networking Service) などを用いて，個人が世界中の他の人々に情報を発信することができます．世界中の「人」と「人」の距離を小さくしたという意味で，インターネットは世界を小さくしたといえるでしょう．

一方，インターネットを利用すれば，オンラインショッピングができます．365 日，24 時間，いつでも，どこからでも世界中で販売されている商品を注文することができます．商品の配送状況もリアルタイムに確認することができます．世界中の「モノ」の物流を簡単化・高速化したという意味で，インターネットは世界を小さくしたといえるでしょう．このように，どのような観点からインターネットをとらえるかによって，疑問7「インターネットは世界を小さくしたのか？」に対する答えは変わってきます．

以下では，少し見方を変えて，「インターネットは世界を小さくしたのか？」という疑問に，比較的新しい研究分野である「複雑ネットワーク」[73–75] の観点から答えてみます．

7.1 いろいろな「ネットワーク」

インターネットは，人類がこれまでに（人工的に）創造した「ネットワーク」の中で，最も大規模なものといえます [76]．不思議に聞こえるかもしれませんが，現在，インターネットがどのくらいの大きさなのか（つまり，何台のスイッチやホストで構成されているのか）は誰にもわかりません．インターネットは自律分散型のネットワークであるため，インターネット全体を管理する組織や団体は存在しないのです．2012 年には，少なくとも約 9 億台のホストが確認されています [77] が，実際のところ何台のスイッチやホストが接続されているかはわかっていません．正確にはわかりませんが，数十億台くらいの規模だと思われます．

本書における「ネットワーク」は「コンピュータネットワーク」を意味していますが，一般に「**ネットワーク** (network)」とは

> 道路，回線，配管，神経などが，お互いに交差し，結合された複雑なシステム[1)]

を意味します．コンピュータネットワークは，「通信回線がお互い

1) 英英辞典 OALD (Oxford Advanced Learner's Dictionary) の「network」の項目を一部抜粋し，筆者が翻訳したものです．

に交差し，結合された（ホスト間をつなぐ）複雑なシステム」ですね．

世の中には，「コンピュータネットワーク」に限らず，さまざまな種類の大規模ネットワークが存在します．例えば，交通のためのネットワーク（道路ネットワーク，路線ネットワーク，航空路ネットワーク），資源配送のためのネットワーク（電力ネットワーク，ガスネットワーク，水道ネットワーク），情報ネットワーク（インターネット，Web ページのネットワーク）のような人工的なネットワークもあれば，生体ネットワーク（脳の神経ネットワーク）や社会ネットワーク（ソーシャルネットワーク）など，さまざまな大規模ネットワークが存在します [73–75]．「航空路ネットワーク」であれば，世界中の航空路（例：成田国際空港～サンフランシスコ国際空港，サンフランシスコ国際空港～ロンドン・ヒースロー空港など）がお互いに交差し，結合された（空港間を結ぶ）複雑なシステム」です．また，「社会ネットワーク（ソーシャルネットワーク）」であれば，人と人のつながり（交流関係や信頼関係など）が，お互いに交差し，結合された（人と人をつなぐ）複雑なシステム」です．

7.2 複雑ネットワークとは

複雑ネットワーク (complex network) とは，いわゆる「**頂点** (vertex)」と「**辺** (edge)」で構成される**グラフ** (graph) の中でも，特に複雑なトポロジを持ったものを意味します．インターネットであれ，航空路ネットワークであれ，ソーシャルネットワークであれ，すべて頂点（例：ノード，空港，人）と辺（リンク，航空路，人と人のつながり）で構成される複雑なグラフで表現することができます．複雑ネットワークの基礎となっている**グラフ理論** (graph theory）は18世紀に始まった離散数学の一分野ですが，複雑ネットワークは2000年頃から研究が始まった比較的新しい研究分野です[2)]．

近年の複雑ネットワークの研究により，例えば，現実世界に存在する**大規模ネットワーク**は，頂点の次数（接続されている辺の数: degree）のバラツキが大きい，頂点がグループに分かれている（グループ内の頂点間には辺が多く存在するが，グループの異なる頂点間には辺が少ししか存在しない）などの興味深い性質を持っている（ものが多い）ことがわかっています [73–75]．

7.3 目で見る複雑ネットワーク

ここで，特性の異なる複雑ネットワークをいくつか見てみましょう．頂点の数が200で，辺の数が300の無向グラフ（undirected graph）を例として考えてみます．このグラフのトポロジとして，どのようなものが考えられるでしょうか？

素朴な（そして従来のグラフ理論で考えられてきた）トポロジの一つは，すべての頂点間に同じ確率で辺が存在するというトポロジです（**図7.1**）．このようなグラフは，「**ランダムグラフ**（random graph）」と呼ばれます．無作為に（ランダムに）生成されたグラフ，という意味だけではなく，すべての頂点間に同じ確率で辺を無作為に（ランダムに）発生させたグラフ，という意味を持っています．図7.1は，頂点数が200，辺数が300のランダムグラフです．頂点数が200なので，頂点の組み合わせは $200 \times (200-1) = 39,800$ 通りです．これらの39,800通りの頂点の組み合わせからランダム

---

2) 複雑な「グラフ」を扱うのですから「複雑グラフ理論」と呼んでも良さそうに思います．しかし，現実に存在するネットワークの測定・分析やコンピュータシミュレーションなどの実験的な手法が広く用いられており，純粋な理論数学ではないため「複雑ネットワーク」と呼ばれているのだと思われます．

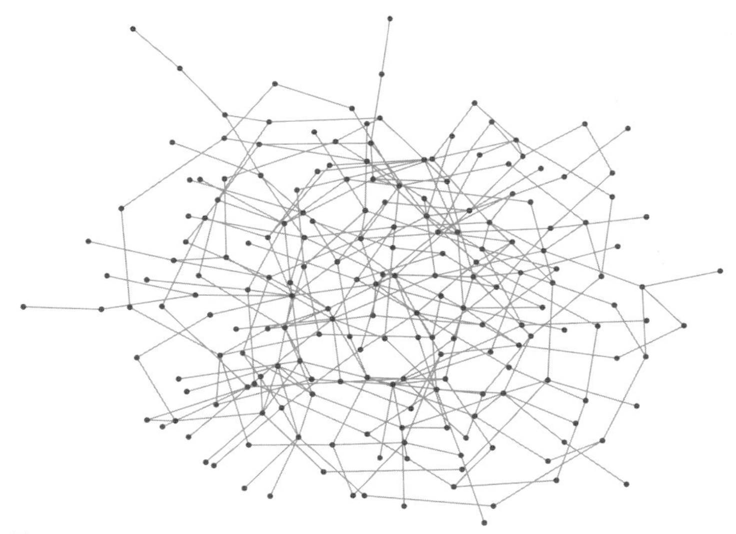

図 7.1 ランダムグラフの例（頂点数：200, 辺数：300）――すべての頂点間に同じ確率で辺をランダムに発生させた.

に選んだ300ペアに辺を生成しています.

ランダムグラフ（図 7.1）を見て，みなさんは何を感じるでしょうか？ けっこうでたらめで，バラバラなグラフだと思うでしょうか？ それなりに均等で，規則性のあるグラフだと思うでしょうか？ 現実に存在するネットワークと同じようなトポロジと思えるでしょうか？ それとも，現実に存在するネットワークとは大きく違ったトポロジだと思えるでしょうか？

「なんだかよくわからない」というのが多くの方の感想ではないでしょうか？ 人間の頭脳はきわめて優れた情報処理能力を持っていますが，こういった不規則さのある複雑な構造を把握するのはあまり得意ではないのだろうと思います.

頂点数も辺の数も図 7.1 と同じですが，トポロジが異なる別の無

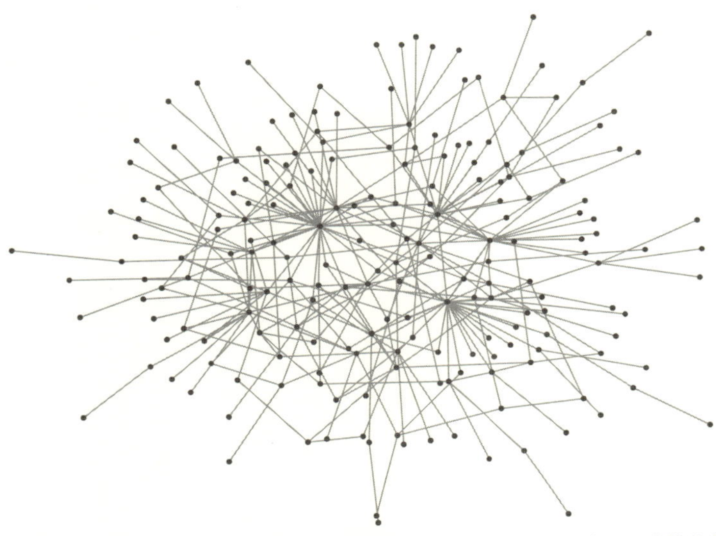

図 7.2　スケールフリーネットワークの例（頂点数：200, 辺数：300）――次数分布がべき則に従うように生成した.

向グラフを図 **7.2** に示します．これは「**スケールフリーネットワーク** (scale-free network)」と呼ばれるグラフの例です[3]．

ランダムグラフ（図 7.1）とスケールフリーネットワーク（図 7.2）を比較すると，どのような違いに気付くでしょうか？　まず，ランダムグラフ（図 7.1）よりも，スケールフリーネットワーク（図 7.2）のほうが全体にトゲトゲしていることがわかると思います．これは，スケールフリーネットワーク（図 7.2）のほうが，グラフの端のあたりに，次数が 1（接続されている辺が 1 本）の頂点

---

[3] 後で説明するように，スケールフリー性は巨大な（頂点数が非常に大きい）グラフに対する性質なので，厳密には，頂点数が 200 程度の小さなグラフをスケールフリーネットワークと呼ぶのは不適当です．本当のスケールフリーネットワークは，図 7.2 をもっともっと巨大にしたもの，と考えてください．

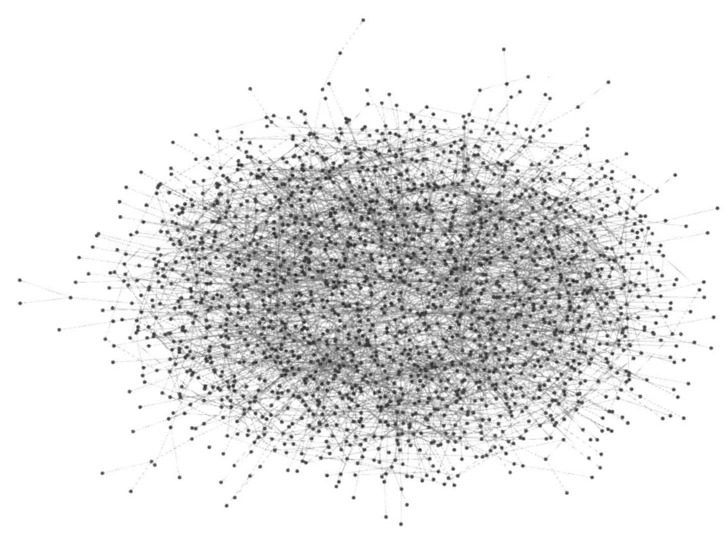

図 7.3 ランダムグラフの例（頂点数：2,000, 辺数：3,000）――図 7.1 の規模を 10 倍にしたもの.

がより多く存在しているためです．また，スケールフリーネットワーク（図 7.2）のほうが，全体に疎密がはっきりしていることがわかると思います．これは，スケールフリーネットワーク（図 7.2）のほうが，非常に次数が大きい（接続されている辺の数が多い）頂点がいくつか存在しているためです.

グラフの規模を 10 倍にした時の，ランダムグラフとスケールフリーネットワークを見てみましょう．頂点の数をさきほどの 10 倍の 2,000 とし，辺の数も同じく 10 倍の 3,000 とした時の，ランダムグラフとスケールフリーネットワークの例を，それぞれ**図 7.3** および**図 7.4** に示します．点や線の数が多すぎて，さきほどの場合ほどランダムグラフとスケールフリーネットワークの違いははっきりしませんが，やはりスケールフリーネットワークのほうが全体にトゲ

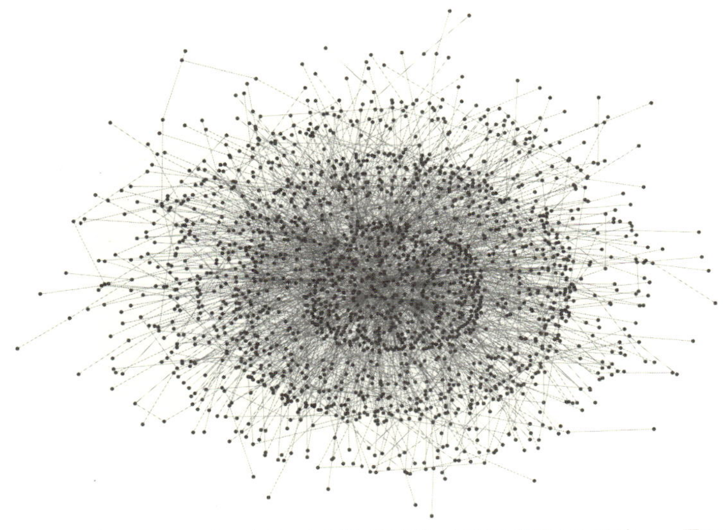

図 7.4　スケールフリーネットワークの例（頂点数：2,000, 辺数：3,000）——図 7.2 の規模を 10 倍にしたもの.

トゲしていて，全体に疎密がはっきりしていることがわかると思います.

複雑ネットワークのこれまでの研究により，現実に存在する大規模ネットワークの多くは，ランダムグラフ（図 7.1 や図 7.3）よりもむしろ，スケールフリーネットワーク（図 7.2 や図 7.4）に近いトポロジを持っていることがわかっています [74, 76].

では，そもそもスケールフリーネットワークとは何なのでしょうか？

7.4 ネットワークのスケールフリー性

「スケールフリーネットワーク」とは，**次数分布** (degree distribution) が**べき則** (power-law) に従うネットワークを意味しま

す [75]. より正確に説明すると以下のようになります.

あるネットワークにおいて，次数が k である頂点が全頂点に占める割合を $P(k)$ とします．例えば，頂点数が 200 のグラフにおいて，次数が 1 の頂点がちょうど 30 個存在するなら，$P(1) = 30/200 = 0.15$ となります．スケールフリーネットワークとは，十分大きな k に対して $P(k)$ が

$$P(k) \sim k^{-\gamma} \tag{7.1}$$

に従うネットワークを意味します．ここで，γ は定数（通常は，$2 < \gamma < 3$）です.

抽象的すぎてよくわからない人がほとんどだと思います．不正確となることを承知の上で，式(7.1) の意味するところを説明してみます.

今，複雑ネットワークを考えていますので，頂点数が 100 とか，1,000 のような小さなグラフではなく，頂点数が 100 万とか，1 億とかの巨大なグラフを対象としています．そういった複雑ネットワークにおいて，次数が 1 万（接続されている辺が 1 万本！）とか，次数が 10 万（接続されている辺が 10 万本！）の頂点が，全頂点の何 % を占めるかの話をしています．次数が 1 万である頂点が全頂点に占める割合が $P(10000)$ で，次数が 10 万である頂点が全頂点に占める割合が $P(100000)$ です．$P(10000)$ も，$P(100000)$ も非常に小さな値ですが，式(7.1) は，その小さな値がどのように減少してゆくかに注目しています.

つまり，式(7.1) は，複雑ネットワークがスケールフリーネットワークならば，十分大きな k に対して $P(k)$ がそれほど速くゼロに近づかない，というものです．逆に言えば，複雑ネットワークがスケールフリーネットワークで「ない」ならば，十分大きな k に対

して $P(k)$ がすぐにゼロに近づく，ということを意味します．このため，複雑ネットワークがスケールフリーネットワークで「ある」ならば，膨大な次数を持つ頂点は少数だけど「いる」，複雑ネットワークがスケールフリーネットワークで「ない」ならば，膨大な次数を持つ頂点はほとんど「いない」，ことを意味します[4)]．

以下では，スケールフリーネットワークの興味深い性質について話をします．

7.5 複雑ネットワークの特徴量：平均経路長

これまで，複雑ネットワークの特徴を表す，さまざまな指標が考案されていますが，ここではその中から「**平均経路長**」を取り上げます．複雑ネットワークの「平均経路長」とは，グラフ中のある頂点から異なる頂点までグラフを辿った場合に，平均して何ホップかかるか（経由しなければならない辺は何本か）を表す指標です [75]．

頂点数が 5 で，辺数が 5 の簡単なグラフ（**図 7.5**）を例に考えます．図 7.5 のグラフでは，頂点の組み合わせは (a, b)，(a, c)，(a, d)，(a, e)，(b, c)，(b, d)，(b, e)，(c, d)，(c, e)，(d, e) の 10 通りです．例えば，頂点 a から頂点 b まで 1 ホップ，頂点 a から頂

---

4) ただし，当然ながら逆は成り立たないことに注意してください．つまり，「スケールフリーネットワークであれば，膨大な次数を持つ頂点は少数だが存在する」は成り立ちますが，逆の「膨大な次数を持つ頂点は少数だが存在すれば，それはスケールフリーネットワークである」は成り立ちません．例えば，頂点数が 100 万 (=1,000,000) のグラフを考えます．頂点 1 だけが，他のすべての頂点 2 ... 1,000,000 と接続されているとします．この時，頂点 1 の次数は 999,9999 で，その他の頂点の次数は 1 になります．このようなグラフは，「膨大な次数を持つ頂点は少数だが存在する」けれども，式(7.1) に従わないためスケールフリーネットワークではありません．

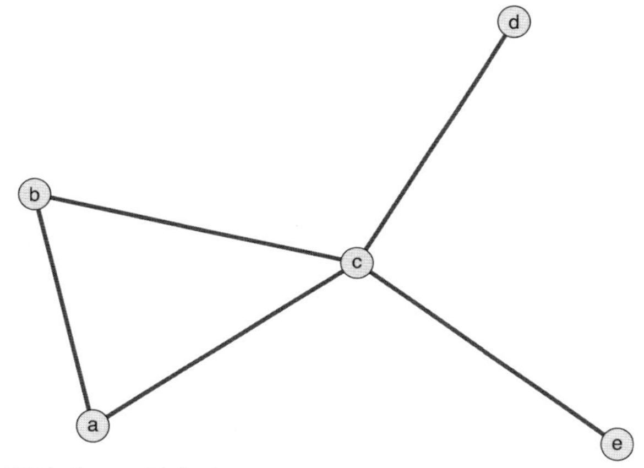

図 7.5　簡単なグラフの例（頂点数 5，辺数 5）——頂点の組み合わせは (a, b)，(a, c)，(a, d)，(a, e)，(b, c)，(b, d)，(b, e)，(c, d)，(c, e)，(d, e) の 10 通り．

点 c まで 1 ホップ，頂点 a から頂点 d まで 2 ホップ，頂点 a から頂点 e まで 2 ホップです．平均経路長は，これらすべての経路のホップ数の平均なので，

$$(1+1+2+2+1+2+2+1+1+2)/10 = 1.5\,[\text{ホップ}] \quad (7.2)$$

となります．別の言い方をすると，「平均経路長」とは，グラフから 2 つの頂点をランダムに選んだ時の，これらの頂点間の**最短経路長**の期待値です．

これまでの流れを整理しましょう．本章では，疑問 7「インターネットは世界を小さくしたのか？」を考えています．インターネットは複雑ネットワークの一種であり，複雑ネットワークの多くはスケールフリー性を持っている（スケールフリーネットワークである）ことが知られているということを紹介しました．そして，グラフの特徴を表す指標の一つとして，「平均経路長」を紹介しました．

疑問7を考える上で鍵となるのは，ネットワークのスケールフリー性と平均経路長との関係です．

7.6 ネットワークのスケールフリー性と平均経路長

これまでの複雑ネットワークの研究から，ランダムグラフとスケールフリーネットワークの平均経路長について以下のことがわかっています [75]．

まず，ランダムグラフの平均経路長 l は，グラフの頂点数を N とすれば，十分大きな N に対して

$$l \propto \log N \tag{7.3}$$

となることが知られています．

一方，スケールフリーネットワークの平均経路長 l は，グラフの頂点数を N とすれば，十分大きな N に対して

$$l \propto \log\log N \tag{7.4}$$

となることが知られています．

ランダムグラフとスケールフリーネットワークの平均経路長は，グラフの頂点数 N が十分大きい時には，それぞれ $\log N$ と $\log\log N$ に比例する，という意味です．$\log N$ や $\log\log N$ と聞いても，あまりピンと来ないかもしれません．ここでのポイントは，たとえ N が非常に大きな値であったとしても，

① $\log N$ は非常に小さな数である
② $\log\log N$ はそれにも増してきわめて小さな数である

ということです．例えば，$N = 10^{11}$（一千億）の場合，$\log_{10} N = 11$，$\log_{10}\log_{10} N = 1.04$ となります．つまり，同じように巨大な複

雑ネットワークであれば，「スケールフリーネットワークの平均経路長は，ランダムグラフの平均経路長よりもはるかに小さい」ということを意味します．

疑問7に答える準備ができました．これまで，インターネットのトポロジを分析した複数の研究において，インターネットのトポロジはスケールフリー性を有していることが報告されています．スケールフリーネットワークの平均経路長はきわめて小さいのですから，これは「インターネットの平均経路長はきわめて小さい」ことを意味しています．

インターネットは，数億〜数十億台のホストで構成される，きわめて大規模なコンピュータネットワークです．インターネットから，ランダムに2つのホスト（ホストAおよびホストB）を選ぶとします．直感的には，ホストAからホストBに到達するためには，何十台，もしくは何百台もの多数のスイッチを経由しなればならないように思えます．しかし実際には，インターネットのトポロジがスケールフリー性を持っているために，ホストAからホストBまで10台程度のスイッチを経由するだけで到達できてしまうのです．

疑問7：インターネットは世界を小さくしたのか？
答　え：その通り．インターネットのトポロジがスケールフリー性を持ち，世界中のホスト同士を少ないホップ数でつないでいる．

参考文献

[1] B. M. Leiner et al., "Brief history of the Internet." http://www.internetsociety.org/sites/default/files/ISOC-History-of-the-Internet_2012Oct.pdf, Oct. 2012. [accessed June 13, 2017].

[2] H. J. Kahn and R. B. E. Napper, "The birth of the baby [early digital computer history]," in Proceedings of the 2000 International Conference on Computer Design, pp. 481-484, Aug. 2002.

[3] ヘルスリテラシー, "【資料編】インターネットが優れている点とは？." http://www.healthliteracy.jp/internet/post_11.html. [accessed June 13, 2017].

[4] Yahoo!知恵袋, "500 枚!!インターネットの利点と問題点について." http://detail.chiebukuro.yahoo.co.jp/qa/question_detail/q1122949036. [accessed June 13, 2017].

[5] アンドリュー・S・タネンバウム, コンピュータネットワーク（第 4 版）. 日経 BP 社, 2010.

[6] 野村総合研究所, "インターネットの日本経済への貢献に関する調査研究（インターネット経済調査報告書 2014 版）." http://innovation-nippon.jp/reports/NRI_Internet%20and%20Japan%20Economy_hi.pdf, 2015. [accessed June 13, 2017].

[7] O. J. Jacobsen and D. C. Lynch, "A glossary of networking terms," Request for Comments (RFC) 1208, Mar. 1991.

[8] D. Bertsekas and R. Gallager, Data Networks. Prentice-Hall International, Inc., second ed., 1992.

[9] J. F. Kurose and K. W. Ross, Computer Networking: A Top-Down Approach. Pearson, sixth ed., 2013.

[10] 秋山 稔, 通信網工学. コロナ社, 1981.

[11] J. Postel, "Internet Protocol," Request for Comments (RFC) 791, Sept. 1981.

[12] W・リチャード・スティーヴンス, 詳解 TCP/IP vol.1 プロトコル [新装版]. ピアソン・エデュケーション, 2006.

[13] J. Irvine and D. Harle, Data Communications and Networks: An Engineering Approach. John Wiley & Sons, Ltd, 2002.

[14] D. Tutsch, Performance Analysis of Network Architectures. Springer, 2006.

[15] A. Kumar, D. Manjunath, and J. Kuri, Communication Networking: An Analytical Approach. Elsevier, 2004.

[16] G. Varghese, Network Algorithmics: An Interdisciplinary Approach to Designing Fast Networked Devices. Elsevier, 2005.

[17] R. Jain, The Art of Computer Systems Performance Analysis. Wiley-Interscience, Apr. 1991.

[18] L. Kleinrock, Queueing systems, volume I: theory. John Wiley & Sons, Inc., 1976.

[19] L. Kleinrock, Queueing systems, volume II: computer applications. John Wiley & Sons, Inc., 1976.

[20] G. Grimmett and D. Welsh, 確率論入門. 日本評論社, 2004.

[21] 青本 和彦 et al., eds., 岩波 数学入門辞典. 岩波書店, 2005.

[22] D. Murray, T. Koziniec, K. Lee, and M. Dixon, "Large MTUs and Internet performance," in Proceedings of the 13th IEEE Conference on High Performance Switching and Routing (HPSR 2012), pp. 82–87, June 2012.

[23] D. Chhajed and T. J. Lowe, eds., Building Intuition: Insights from Basic Operations Management Models and Principles. Springer Science + Business Media, LLC, 2008.

[24] M. Dharmawirya and E. Adi, "Case study of restaurant queueing

model," in Proceedings of the 2011 International Conference on Management and Artificial Intelligence, pp. 52–55, Mar. 2011.

[25] S. T. Zargar, J. Joshi, and D. Tipper, "A survey of defense mechanism against Distributed Denial of Service (DDoS) flooding attacks," IEEE Communications Surveys & Tutorials, vol. 15, pp. 2046–2069, Fourth Quarter 2013.

[26] J.-C. Bolot, "Characterizing end-to-end packet delay and loss in the Internet," Journal of High-Speed Networks, vol. 2, pp. 305–323, Dec. 1993.

[27] V. Paxson, "End-to-end routing behavior in the Internet," IEEE/ACM Transactions on Networking, vol. 5, pp. 601–615, Oct. 1997.

[28] V. Paxson, "End-to-end Internet packet dynamics," in Proceedings of ACM SIGCOMM '97, pp. 139–152, Sept. 1997.

[29] Y. Zhang, V. Paxson, and S. Schenker, "The stationarity of Internet path properties: routing, loss, and throughput," tech. rep., ACIRI, May 2000.

[30] L.-S. Peh and W. J. Dally, "A delay model and speculative architecture for pipelined routers," in Proceedings of the 7th International Symposium on High-Performance Computer Architecture (HPCA 2001), p. 255, Jan. 2001.

[31] K. Papagiannaki, S. Moon, C. Fraleigh, P. Thiran, and C. Diot, "Measurement and analysis of single-hop delay on an IP backbone network," IEEE Journal on Selected Areas in Communications, vol. 21, pp. 908–921, Aug. 2003.

[32] S. Yao, B. Mukherjee, and S. Dixit, "Advances in photonic packet switching: an overview," IEEE Communications Magazine, vol. 38, pp. 84–94, Feb. 2000.

[33] S. J. B. Yoo, "Optical packet and burst switching technologies for the future photonic Internet," Journal of Lightwave Technology, vol. 24, pp. 4468–4492, Dec. 2006.

[34] M. O'Mahony, D. Simeonidou, D. Hunter, and A. Tzanakaki, "The application of optical packet switching in future communication networks," IEEE Communications Magazine, vol. 39, pp. 128-135, Mar. 2001.

[35] J. Pan, S. Paul, and R. Jain, "A survey of the research on future internet architectures," IEEE Communications Magazine, vol. 49, July 2011.

[36] Cisco Systems, "IEEE 802.3ad link bundling." `http://www.cisco.com/c/en/us/td/docs/ios/12_2sb/feature/guide/sbcelacp.html`, Dec. 2006. [accessed June 13, 2017].

[37] B. Mukherjee, "WDM optical communication networks: progress and challenges," IEEE Journal on Selected Areas in Communications, vol. 18, pp. 1810-1824, Oct. 2000.

[38] J. Postel, "Transmission control protocol," Request for Comments (RFC) 793, Sept. 1981.

[39] J. Moy, "OSPF version 2," Request for Comments (RFC) 2328, Apr. 1998.

[40] Cisco Systems, "Open shortest path first." `http://docwiki.cisco.com/wiki/Open_Shortest_Path_First`. [accessed June 13, 2017].

[41] J. Doyle and J. D. Carroll, CCIE Professional Development Routing TCP/IP Volume 1. Cisco Press, second ed., 2006.

[42] M. Goyal et al., "Improving convergence speed and scalability in OSPF: A survey," IEEE Communications Surveys & Tutorials, vol. 14, pp. 443-463, Second Quarter 2012.

[43] J. Postel, "Internet control message protocol," Request for Comments (RFC) 792, Sept. 1981.

[44] M. Allman, V. Paxson, and E. Blanton, "TCP congestion control," Request for Comments (RFC) 5681, Sept. 2009.

[45] V. Jacobson and M. J. Karels, "Congestion avoidance and control,"

in Proceedings of ACM SIGCOMM '88, pp. 314–329, Nov. 1988.

[46] J. Nagle, "Congestion control in IP/TCP internetworks," Request for Comments (RFC) 896, Jan. 1984.

[47] M. Welzl, Network Congestion Control: Managing Internet Traffic. John Wiley & Sons, Ltd, 2005.

[48] J. Ke and C. Williamson, "Towards a rate-based TCP protocol for the Web," in Proceedings of the 8th International Symposium on Modeling, Analysis and Simulation of Computer and Telecommunication Systems (MASCOTS 2000), p. 36, Aug. 2000.

[49] アンドリュー・S・タネンバウム，モダンオペレーティングシステム（第2版）．ピアソン・エデュケーション，2004.

[50] D.-M. Chiu and R. Jain, "Analysis of the increase and decrease algorithms for congestion avoidance in computer networks," Computer Networks and ISDN Systems, vol. 17, pp. 1–14, June 1989.

[51] M. Mathis, J. Semke, and J. Mahdavi, "The macroscopic behavior of the TCP congestion avoidance algorithm," ACM SIGCOMM Communication Review, vol. 27, pp. 67–82, July 1997.

[52] J. Padhye, V. Firoiu, D. Towsley, and J. Kurose, "Modeling TCP throughput: a simple model and its empirical validation," in Proceedings of ACM SIGCOMM '98, pp. 303–314, Sept. 1998.

[53] A. Kumar, "Comparative performance analysis of versions of TCP in a local network with a lossy link," IEEE/ACM Transactions on Networking, vol. 6, pp. 485–498, Aug. 1998.

[54] T. Bonald, "Comparison of TCP Reno and TCP Vegas via fluid approximation," tech. rep., INRIA, Nov. 1998.

[55] A. Misra, J. S. Baras, and T. Ott, "Window distribution of multiple TCPs with random loss queues," in Proceedings of the 1999 Global Telecommunication Conference (GLOBECOM '99), Dec. 1999.

[56] A. Misra and T. J. Ott, "The window distribution of idealized TCP congestion avoidance with variable packet loss," in Proceedings of IEEE INFOCOM '99, pp. 1564–1572, Mar. 1999.

[57] J. Padhye, V. Firoiu, D. Towsley, and J. Kurose, "Modeling TCP Reno performance: a simple model and its empirical validation," IEEE/ACM Transactions on Networking, vol. 8, pp. 133-145, Apr. 2000.

[58] T. Bu and D. Towsley, "Fixed point approximations for TCP behavior in an AQM network," tech. rep., Department of Computer Science, University of Massachusetts, July 2000.

[59] E. Altman and K. Avrachenkov, "A stochastic model of TCP/IP with stationary random losses," in Proceedings of ACM SIGCOMM 2000, pp. 231-242, Aug. 2000.

[60] N. Cardwell and S. Savage and T. Anderson, "Modeling TCP latency," in Proceedings of INFOCOM 2000, pp. 1742-1751, Mar. 2000.

[61] C. Casetti and M. Meo, "A new approach to model the stationary behavior TCP connections," in Proceedings of IEEE INFOCOM 2000, pp. 367-375, Mar. 2000.

[62] M. Vojnovid, J.-Y. L. Boudec, and C. Boutremans, "Global fairness of additive-increase and multiplicative-decrease with heterogeneous round-trip times," in Proceedings of IEEE INFOCOM, pp. 26-30, Mar. 2000.

[63] S. H. Low, F. Paganini, J. Wang, S. Adlakha, and J. C. Doyle, "Dynamics of TCP/RED and a scalable control," in Proceedings of IEEE INFOCOM, pp. 239-248, June 2002.

[64] S. H. Low, F. Paganini, and J. C. Doyle, "Internet congestion control," IEEE Control Systems Magazine, vol. 22, pp. 28-43, Feb. 2002.

[65] Y. Liu, F. L. Presti, V. Misra, D. Towsley, and Y. Gu, "Fluid models and solutions for large-scale IP networks," in Proceedings of ACM/SIGMETRICS 2003, pp. 91-101, June 2003.

[66] M. Hassan and R. Jain, High Performance TCP/IP Networking: Concepts, Issues, and Solutions. Pearson Education, Inc., 2004.

[67] H. Ohsaki, J. Ujiie, and M. Imase, "On scalable modeling of TCP

congestion control mechanism for large-scale IP networks," in Proceedings of the 2005 International Symposium on Applications and the Internet (SAINT 2005), pp. 361–369, Feb. 2005.

[68] M. Duke, R. Braden, W. Eddy, E. Blanton, and A. Zimmermann, "A roadmap for transmission control protocol (TCP) specification documents," Request for Comments (RFC) 7414, Feb. 2015.

[69] L. S. Brakmo, S. W. O'Malley, and L. L. Peterson, "TCP Vegas: New techniques for congestion detection and avoidance," in Proceedings of ACM SIGCOMM '94, pp. 24–35, Oct. 1994.

[70] S. Floyd, "HighSpeed TCP for large congestion windows," Request for Comments (RFC) 3649, Dec. 2003.

[71] K. Tan, J. Song, Q. Zhang, and M. Sridharan, "Compound TCP: A scalable and TCP-friendly congestion control for high-speed networks," in Proceedings of the 4th International Workshop on Protocols for Fast Long-Distance Networks (PFLDNet 2006), 2006.

[72] S. Ha, I. Rhee, and L. Xu, "CUBIC: A new TCP-friendly high-speed TCP variant," ACM SIGOPS Operating System Review, vol. 42, pp. 64–74, July 2008.

[73] アルバート＝ラズロ・バラバシ，新ネットワーク思考～世界のしくみを読み解く～．日本放送出版協会，2002.

[74] M. Newman, A.-L. Barabási, and D. J. Watts, eds., The Structure and Dynamics of Networks. Princeton University Press, 2006.

[75] M. E. J. Newman, Networks: An Introduction. Oxford University Press, 2010.

[76] R. Pastor-Satorras and A. Vespignani, Evolution and Structure of the Internet: A Statistical Physics Approach. Cambridge University Press, 2004.

[77] C. I. Agency, "The world factbook: Internet hosts." `https://www.cia.gov/library/publications/the-world-factbook/rankorder/2184rank.html`. [accessed June 13, 2017].

あとがき

本書では，インターネットの通信方式や通信プロトコル，ネットワークの構造（トポロジ）に関する7つの疑問を通して，一人のインターネット研究者である筆者がこれまでに「面白いな」と思ったことを紹介してきました．インターネットの基礎技術を体系的・網羅的に説明したわけでも，インターネットの重要な技術トップ7を紹介したわけでもありません．あくまで，あるインターネット研究者の視点から「面白いな」と思った話題を7つ取り上げました．

本文中でも何度か言及していますが，これらの疑問は，どのような観点から答えるかによって，答えが変わったり，答えが一つに定まらなかったりします．そのため，本書で述べた7つの疑問と答えをそのまま暗記してもほとんど意味がありません．

例えば，本書を読んだAさんと，本書を読んでいないBさんが会話しているとします．この時，Aさんが，

Aさん 「なあ，インターネットはなぜ高速なのか知ってる？」

Bさん 「うーん，LSI（大規模集積回路）とか，半導体の技術が急速に進歩したからじゃない？」

Aさん 「ブブッー，間違い．ぜーんぜん違うよ．理由は，インターネットのパケットが固定長だから．全部この『インターネット，7つの疑問』に書いてあるよ．」

のように本書を使うのは**まったくの誤用**なので，こういった間違いをしないように注意してください．

インターネットが素晴しい技術であるというのは間違いありませ

んが，魔法のような万能な技術でもなく，まだまだ研究開発が必要であることが本書を通して感じてもらえたでしょうか．

一時期のインターネットブームは少し落ちつきましたが，それでも書籍・雑誌・テレビなど多くのメディアでは，「インターネット革命！」，「インターネットはすごい！」，「インターネット万歳！」という論調で語られることが多いように思います．もしくは，まったく逆に，「インターネットは怖い！」，「インターネットのせいでプライバシーが失われる！」，「インターネットのせいで人は孤独になっている！」のような極端にネガティブな論調で語られることもあるようです．利用者の観点や，社会学的な観点からだと，そのように見えても仕方ありませんし，それはそれで間違ってはいません．ただし本書では，あくまで工学的な観点から，インターネットに関する技術のどこが素晴しくて，どこが素晴しくないのかを（限られた紙面のため，ごく一部だけですが）紹介したつもりです．

本書ではインターネットに関する技術を取り上げましたが，ここで紹介した内容は，インターネット以外の他の分野にも応用することができます．数学は数学者のためのもの，物理は物理学者のためのもの，インターネット技術はインターネット技術者のためのもの……のように考えがちですが，そうではありません．学問や技術の境界は，あってないようなものだと思います．

例えば3章では，パケット交換方式のスイッチの性質が，オペレーションズリサーチの一分野である待ち行列理論で分析できることを紹介しました．待ち行列理論における代表的な結果であるリトルの法則は，パケット交換方式のスイッチの分析にも使えますが，同時に，人気のレストランにおける待ち時間の推定にも使えることを紹介しました．

これから技術者になろうと思っている人には，本書で紹介した内容を，少しでも未来の技術を生み出すために役立ててほしいと願っています．現在，技術者や研究者として活躍されている人には，みなさん自身が取り組んでいる技術や課題を解決するために，本書で紹介した内容が少しでも役に立てばいいと願っています．

情報科学には「面白いな」と思うことが先人たちの努力によって数多く明らかにされています．また，それと同じくらいか，もしかするともっとたくさんの「面白いな」と思うような話が，まだ誰にも明らかにされずに眠っているはずです．

情報科学に関する技術者の中でも，特にプログラマ（ソフトウェアを作成する人）が好む決まり文句で本書を終えたいと思います．

Enjoy!（楽しんで！）

大﨑博之

疑問を通して，インターネットの理解を深め，新たな興味に出会いましょう

コーディネーター　尾家祐二

今日，インターネットは私たちの暮らしにおいて，それなしでは暮らせないほど身近なものになりました．ネットワークにつながっていない単体のコンピュータを想像するだけでも難しいものです．『〈インターネット〉の次に来るもの：未来を決める12の法則』（ケヴィン・ケリー著，NHK出版，2016年）によると，

> 今振り返ってみると，コンピュータの時代は，それが電話につながれるまで，本格的に始まっていなかったのだ

と述べられており，この言葉にはコンピュータのネットワーク化がもたらした影響の大きさが表れています．「電話につながれる」というところにネットワーク技術の黎明が感じられます．今後，車や家など，さまざまなモノがネットワークにつながっていること（IoT: Internet of Things）が当たり前となり，ネットワークにつながっていないのが不思議にすら思えるような環境になっていくことでしょう．

今では，あって当たり前の存在にすら思われてしまうインターネットですが，著者の大﨑博之さんは本書であらためてインターネットを取り上げて，「工学的な観点」から「7つの疑問に答える」という形で解説していきます．読者の皆さんがふだん何気なく使っているインターネットについて，どこかで感じているだろう疑問を呼び起こし，丁寧に答えていきます．そこには身近なモノに対して疑

問を持つ楽しさや，新たな考え方に出会う楽しさを読者と共有したいという著者の思いが見られます．

ところで上で述べた「工学的な観点」とは何なのでしょうか？米国工学アカデミーでは「工学」を「制約条件の下でのデザイン」と簡潔に定義しています．現実の世界では常に，守らなければならない条件や前提としている条件，つまり「制約」があり，その下で「最も良い」解を得るために知恵を出して，設計していきます．この「最も良い」というのも見方によって変わってきます．コストを下げることなのか，性能を良くすることなのか，そもそも最も良くしたい性能とは何なのか等，まずは視点を定める必要があります．そして設計にあたっては，対象とするものをモデル化し，数理的なアプローチで解析し，特性を明らかにする必要があります．

大崎さんは，大学院生の頃から 20 年以上にわたってネットワークの研究を続けています．とくに，本書の疑問 5 や疑問 6 に関連する，トランスポートプロトコルの性能の数理的解析や疑問 7 で取り上げている複雑ネットワークに関する研究を精力的に行われています．また，大崎さんは日頃よく使用するソフトウェアを，自分の感性に合わせて自作したりもします．メーラーやエディター，作図ソフト，シミュレータのほか，フォントまでも自作されたことがあります．本書に掲載している図についても，自作の作図ソフトで描かれたものです．このような大崎さんのフットワークの軽さと独自の視点も，本書の要所に活かされていることが感じられることと思います．

本書では，著者の専門的な知識と感性を活かして，インターネットに関する疑問を提示し，「工学的な観点」から回答していきます．いきなり正解が与えられるよりも，まずは良い疑問を持つほうが良い理解につながるものです．たとえば『イノベーションの DNA—

破壊的イノベータの5つのスキル』（クレイトン・クリステンセンほか著，翔泳社，2012年）によると，

> 質問は，創造的な洞察を生み出す可能性を秘めている．アインシュタインはとうの昔にこのことに気づいていた．『正しい質問さえあれば……正しい質問さえあれば』と，いつも繰り返していたのだから

と紹介されています．このように疑問を持つことや想像力を働かせることは，とても大切なことです．

本書における「工学的な観点」とは，インターネットについて，ある視点からは良いところが見え，別の視点からは悪いところが見える，というような，柔軟で複眼的な見方を指しています．設計されて実際に使用されるモノは，いつ，どのような条件下でも，また，どのような指標についても，最も優れている，ということはほとんどありえません．

本書では，インターネットをネットワークシステムとして捉え，その仕組みやそこで使用される通信プロトコルに着目し，数理的手法を用いて7つの疑問に答えていきます．直観的には理解しづらいことも，数学を用いたモデルとして表現・分析されると，その特性が明確に説明できるようになります．この過程を通して，さまざまな仕組みの面白さや数理的手法の有効性について，著者は読者の皆さんと共有したいのでしょう．

以下では本書の概要について各章ごとに紹介していきます．

まず序章では，以降の章の準備段階として，前提となる知識やインターネットの工学的な捉え方を解説します．それ以降の各章では7つの疑問を章ごとに1つずつ取り上げていきます．

1章と2章では，インターネットの良いところや弱いところとい

った話題を取り上げています．先に述べたように，多くのモノを「工学的な観点」から見ると，良いところも弱いところも見えてきます．そのような複眼的な視点から物事を見てほしいという著者の思いが感じられます．ここではインターネットにおける情報伝達の基本的な方式に着目し，回線交換方式とパケット交換方式を取り上げます．インターネットで採用されているパケット交換方式のほうが優れていることを解説しますが，合わせて，パケット交換方式が抱える弱点についても取り上げます．

3 章以降では，インターネットの各種特性について数理的手法による解析を用いて解説していきます．まず 3 章では，インターネットが高速な理由として，パケット交換方式の特性について待ち行列理論を用いて説明します．多少の数式も出てきますが，待ち行列理論の威力と，そこから導き出せるパケット交換方式の特性を感じてみてください．

4 章では，インターネットをさらに高速化する方法として，待ち行列理論におけるリトルの法則を用いて解説します．リトルの法則は簡単な式で示されるのですが，柔軟に発想することで，リトルの法則によってさまざまな事象が理解できることを紹介します．

5 章では，インターネットの混雑によって，情報の送受信に時間がかかるようになる理由を解説します．これはインターネットの特性というよりも，そこで用いられている通信プロトコルである TCP の性質によるのですが，このことを数理的方法を用いて丁寧に解説します．TCP のスループット特性を示す数式はかなり専門的ですが，数式で表せると，その特性も容易に理解できるようになります．

6 章では，海外など遠方との長距離通信における特性について取り上げます．ここでも TCP の性質から，長距離通信では情報の送受信に時間がかかることを解説し，本章末のBoxでは，長距離通信における対策や，さまざまな種類のTCPが開発され続けていることを紹介します．

最後の7章は，前章までとかなり異なる内容です．世界規模の大規模なネットワークであるインターネットでは，パケット交換方式が用いられています．パケットは，中継されるスイッチで度々蓄積・転送されるにもかかわらず，ストレスなく通信することが可能です．本章では「インターネットは世界を小さくしたのか？」という疑問を通して，「インターネットは特殊なつながり方をすることで，少ない転送回数でも通信可能になっている」ということを紹介します．

本書を通して，読者の皆さんがインターネットについて「工学的な観点」から眺め，さらに数理的手法という観点の面白さを味わっていただけると幸いです．工学は明日を創造する学問です．その過程でさまざまな技術が生み出されます．豊かな想像力と柔軟な視点で，インターネットがさらに活用されることを祈って，結びの言葉といたします．

索　引

【さ】

【た】

【な】

【は】

【ま】

【や】

【ら】

【わ】

memo

memo

著　者

大﨑博之（おおさき ひろゆき）

1997年　大阪大学大学院基礎工学研究科物理系専攻博士後期課程修了

現　在　関西学院大学理工学部情報科学科 教授 博士（工学）

専　門　情報ネットワーク

コーディネーター

尾家祐二（おいえ ゆうじ）

1980年　京都大学大学院工学研究科数理工学専攻修士課程修了

現　在　九州工業大学学長 工学博士

専　門　情報ネットワーク

共立スマートセレクション 26

Kyoritsu Smart Selection 26

インターネット，7つの疑問
—数理から理解するその仕組み—

Unveiling Seven Secrets of the Internet

2018年2月25日　初版1刷発行

著　者　大﨑博之　© 2018

コーディネーター　尾家祐二

発行者　南條光章

発行所　共立出版株式会社

郵便番号　112-0006
東京都文京区小日向 4-6-19
電話　03-3947-2511（代表）
振替口座　00110-2-57035
http://www.kyoritsu-pub.co.jp/

印　刷　大日本法令印刷

製　本　加藤製本

一般社団法人
自然科学書協会
会員

検印廃止

NDC 547.48

ISBN 978-4-320-00926-4

Printed in Japan